LA BONNE ÉTOILE
DU LYON - TURIN

Christian MAISONNIER

LA BONNE ÉTOILE
DU LYON - TURIN

*Quand l'Europe nous guide
vers la transition écologique*

Édition : BoD – Books on Demand,
12/14 rond-point des Champs-Élysées, 75008 Paris
Impression : BoD – Books on Demand, Norderstedt, Allemagne

ISBN : 978-2-3221-1995-0
Dépôt légal : avril 2020

SOMMAIRE

PRÉAMBULE

Serpent de mer, projet colossal, titanesque, pharaonique ! ... Les personnes à qui j'explique que j'ai longtemps travaillé sur le Lyon-Turin, savent bien, généralement, qu'il s'agit d'un grand projet de ligne ferroviaire, dont ils ont entendu parler en ces termes emphatiques. Ils en ont retenu qu'il s'agit d'un investissement hors du commun et controversé. Ils me demandent aussitôt où il en est, et s'il a encore une chance de se faire un jour.

Je leur réponds que cela dépend à quel Lyon-Turin ils pensent, parce que j'en connais au moins deux : le « TGV Lyon-Turin » et le « tunnel de base du Lyon-Turin ». Je ne sais pas ce que deviendra le projet de train à grande vitesse et je ne suis pas très étonné qu'il soit resté, jusqu'à présent, dans les cartons. Mais le tunnel, oui, il est commencé et je suis confiant sur le fait qu'il sera terminé dans une dizaine d'années, le temps nécessaire pour le creuser. Peut-être avec un peu de retard, car au hasard des circonstances ou des élections en France ou en Italie, les responsables politiques peuvent défendre momentanément d'autres priorités dans les arbitrages budgétaires. Mais je ne pense pas qu'il puisse être vraiment abandonné, car il bénéficie d'un soutien politique permanent et sans faille de l'Europe.

L'Union européenne, soutenue par une grande majorité de ses habitants, a fait le choix de relancer le fret ferroviaire sur notre continent, pour réduire la circulation des poids lourds. Elle souhaite reporter le trafic des marchandises du mode routier vers le mode ferroviaire, c'est ce que les spécialistes appellent le « report modal ».

Mais les trains de marchandises n'aiment pas les fortes pentes, et les voies ferrées actuelles qui franchissent la barrière alpine n'acceptent que des trains limités en tonnage. C'est pourquoi les pays alpins ont prévu de construire de nouveaux tunnels ferroviaires de faible altitude, appelés « tunnels de base ». On en compte six. La Suisse a mis en service les deux premiers, au Lötschberg et au Gothard. Les quatre autres sont en travaux : le Semmering, le Brenner, le Ceneri et le Lyon-Turin, d'Est en Ouest. Deux autres nouveaux tunnels de grande longueur sont en cours, le Koralm et le Terzo Valico. Celui du Karavanke va être rénové. Grâce à ces tunnels, un seul train de fret pourra traverser les Alpes en transportant l'équivalent d'une cinquantaine de camions, au lieu de quinze ou vingt actuellement. Ce gain de productivité change tout, dans la concurrence entre le rail et la route, bien au-delà du massif alpin. Les compagnies ferroviaires européennes doivent aussi évoluer et investir en matériel et en équipements, cela prendra du temps, mais la construction des tunnels de base est un argument fort pour les pousser à s'adapter à de nouvelles conditions de concurrence en Europe, afin de reprendre des parts de marché à la route.

Dès son ouverture, notre tunnel de 57 km intégrera la France dans cette nouvelle façon d'utiliser le réseau ferroviaire européen. Chaque année de retard différerait d'autant les bienfaits économiques et environnementaux que nous en tirerons.

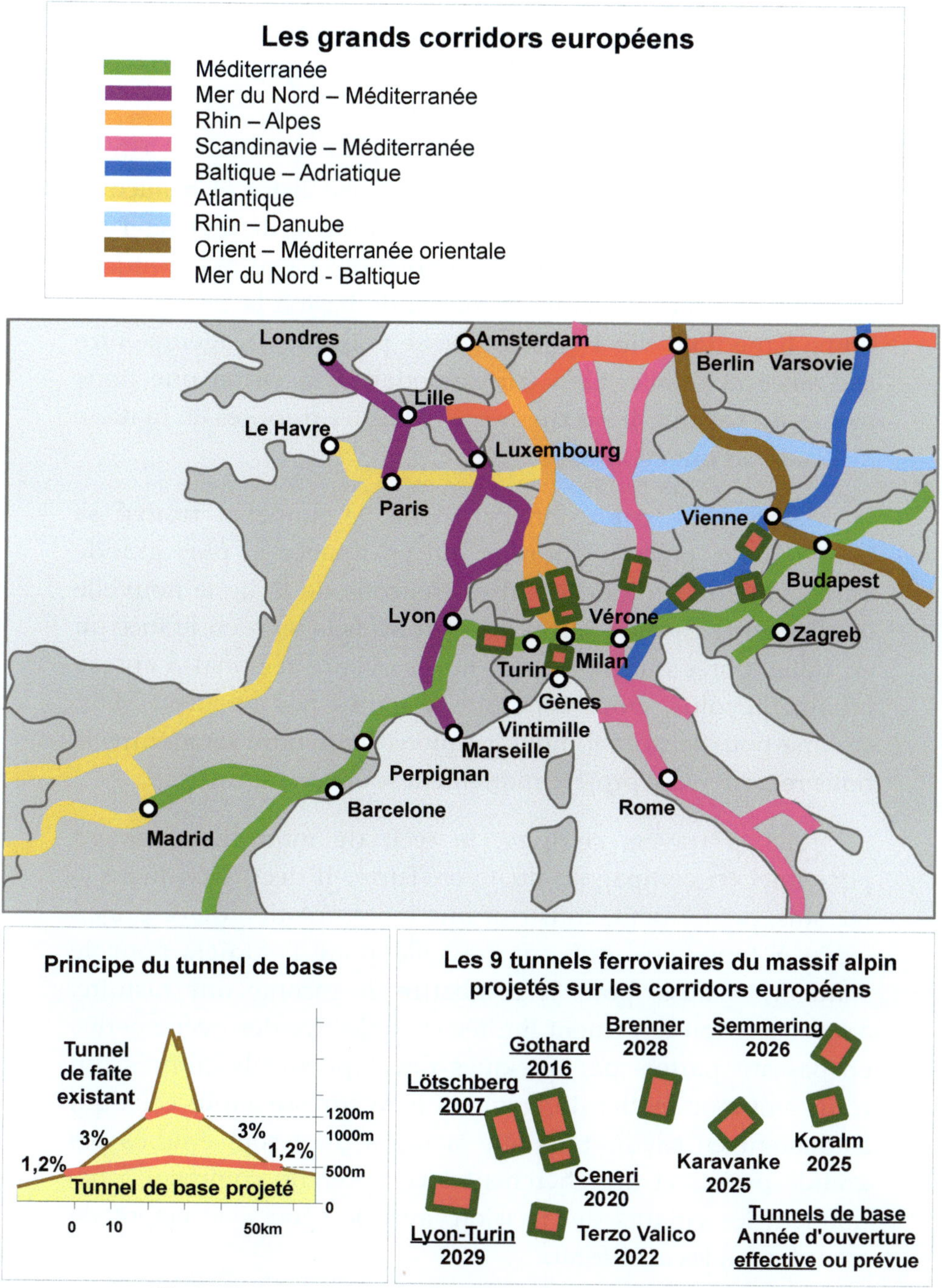

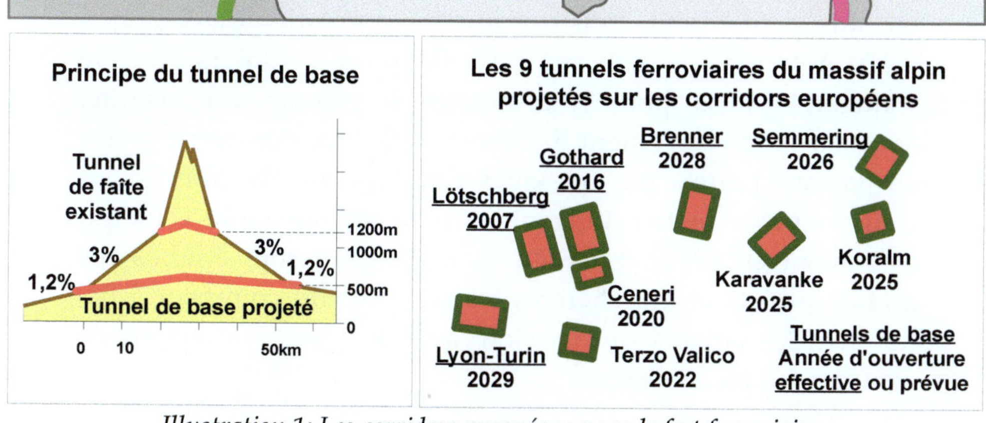

Illustration 1: Les corridors européens pour le fret ferroviaire.

Malheureusement, la plupart des journalistes et beaucoup de ceux qui parlent du Lyon-Turin continuent de mélanger les deux aspects du projet. Je les comprends, parce que pendant des années, nous avons lié le tunnel de base à la construction d'une ligne nouvelle à grande vitesse pour les voyageurs entre la France et l'Italie. Cela correspondait à la vision que nous avions de l'avenir, il y a trente ans. Mais les priorités en matière de transport ont évolué.

Malgré cette confusion originelle, le tunnel a trouvé sa bonne étoile, grâce à l'Europe qui en finance la plus grande part. Peut-être un jour, d'autres tronçons de la ligne nouvelle étudiée entre Lyon et Turin trouveront-ils la leur, en France ou en Italie, parce que notre réseau ferroviaire régional a encore besoin d'évoluer pour répondre à toutes nos attentes. Mais, comme pour le tunnel, nous risquons d'attendre longtemps si nous regardons ce projet uniquement sous l'angle du TGV.

Voici, à travers ce livre, le récit de mon cheminement personnel en compagnie du Lyon-Turin. Il décrit comment je me suis, petit à petit, construit une représentation de ce projet, grâce à tous ceux qui ont travaillé pour l'étudier, pour le soutenir, et aussi pour le combattre. Je raconte une histoire, avec ma vision forcément limitée et subjective des événements, en passant parfois par quelques développements chiffrés qui trahissent mon métier d'ingénieur. Je m'adresse à tous ceux qui souhaitent en savoir plus sur la façon dont sont étudiés ces grands projets et qui cherchent à comprendre comment fonctionnent les circuits de décision, avec le souci permanent de contribuer à les améliorer.

LA GENÈSE D'UNE DÉCISION

DÉCEMBRE 2008, EN MISSION À VÉRONE

« Allo ! Christian, serais-tu libre ce vendredi ? Nous avons besoin de quelqu'un pour représenter le secrétaire d'État M. Bussereau à Vérone, en Italie. Il est invité à un colloque sur les grands projets alpins, avec la commission européenne et les ministres des transports des pays concernés. Il y sera surtout question du tunnel autrichien du Brenner, mais aussi de notre projet de TGV Lyon-Turin. M. Bussereau a répondu qu'il serait représenté, mais nous n'avons personne de disponible au ministère pour y participer ... »

Cet appel de dernière minute d'un de mes collègues du ministère de l'écologie, du développement et de l'aménagement durables, ne me laissait pas vraiment le choix. D'autant que j'étais effectivement disponible le vendredi 5 décembre 2008. Mon agenda mentionnait simplement une réunion publique, la veille à 18 heures, à Luzinay, petit village du nord-Isère, où je devais intervenir pour présenter aux habitants de ce secteur, avec les ingénieurs de Réseau ferré de France, les tracés du projet de contournement ferroviaire de Lyon, qui risquait de traverser leur territoire. J'aimais bien ces réunions publiques, malgré la virulence, parfois, des habitants qui expriment leurs craintes et cherchent par tous les moyens à faire entendre leur voix face à des institutions qu'ils perçoivent comme aveugles et sourdes. J'étais souvent pris pour cible par les participants à ces réunions publiques, parfois de façon assez désagréable, mais j'étais persuadé qu'il valait mieux être présent pour écouter leurs critiques plutôt que de rester dans mon bureau. Finalement, au cours de ces réunions, j'étais souvent remercié pour avoir pris le temps de venir jusqu'à eux. La notion d'intérêt général est une réalité complexe, et c'est bien sur le terrain qu'il faut en débattre, avec la population, en présence des élus locaux et de l'État que je représentais. Je souhaitais donc vraiment ne pas manquer cette réunion publique.

Je regardai rapidement comment j'allais pouvoir aller de Lyon à Vérone : 600 km d'autoroutes, environ six heures de voiture. Je consultai aussi les horaires des trains : c'est nettement plus long, avec au moins deux correspondances. Évidemment, pensai-je alors, si notre Lyon-Turin était déjà en service, j'aurais sûrement trouvé un train plus rapide et plus pratique ! En prenant la route vers l'Italie dès la fin de ma réunion, jeudi vers 20 h 30, je pouvais être vers 23 h au tunnel du Fréjus, pour passer en Italie. J'avais repéré un petit hôtel à Bruzzolo, dans la vallée de Suse : je pouvais y passer une courte nuit et, en repartant vendredi vers 6 h, j'allais pouvoir sans difficulté arriver avant 10 h à Vérone.

J'étais, au fond, très content d'aller à Vérone, mais quand même un peu surpris que le ministère me demande de représenter, au pied levé, le secrétaire d'État aux transports. Je travaillais à Lyon, en province, comme disent les Parisiens, dans un poste plutôt technique. J'étais à mi-temps chargé de mission auprès du préfet de région Rhône-Alpes et à mi-temps directeur adjoint à la direction régionale de l'équipement, dans un rôle de conseiller sur les questions des transports. J'avais choisi ce poste en 1994, au retour du Sénégal, où j'avais passé quatre années passionnantes comme chef du département ingénierie de l'agence pour la sécurité de la navigation aérienne (ASECNA).

Mon histoire familiale a visiblement influencé mon parcours professionnel d'ingénieur des ponts et chaussées. Fils de diplomate, j'ai passé une partie de mon enfance à l'étranger, au Maroc, en Argentine et en Thaïlande. J'en ai gardé le goût de parcourir le monde et de découvrir d'autres cultures. Ma femme a également vécu enfant au Maroc. À ma sortie de l'école des ponts, juste après notre mariage, nous avons choisi de partir en coopération dans ce beau pays, où l'administration me proposait un poste, au port de Casablanca. Je me souviens des projets d'extension du port, et des relations avec les importateurs de céréales ou de ciment qui souhaitaient accélérer le déchargement des navires. Les dockers, embauchés à la journée, ne se pressaient pas : ils avaient plutôt intérêt à conserver du travail pour les jours suivants. Après le transport maritime, j'ai travaillé sept ans dans les grands travaux routiers à Lille, et quatre ans dans l'informatique et la gestion, avant un nouveau départ pour l'Afrique, à Dakar, avec nos quatre enfants.

Depuis ma nomination à Lyon, j'appréciais ce double poste interministériel de généraliste sur les questions relatives aux transports, avec une dominante assez forte sur le suivi des grands projets ferroviaires, qui étaient nouveaux pour moi : je découvrais véritablement une autre culture.

Certes, je connaissais bien le dossier de la « nouvelle liaison ferroviaire transalpine Lyon-Turin », selon sa dénomination officielle qui peinait à remplacer celle de « TGV Lyon-Turin ». Je connaissais aussi la question des réseaux trans-européens de transport. À mon arrivée à Lyon en 1994, le Lyon-Turin m'a été présenté comme le projet phare de Rhône-Alpes, sur lequel j'aurais à travailler. « Les structures se mettent en place, » m'avait expliqué Gérard Dumont, alors secrétaire général aux affaires régionales, « Charles Millon, le président du conseil régional, est très impliqué dans ce dossier. Mais il faudra au moins quinze ans avant qu'un tel projet ne voie le jour. »

Nous y étions, en cette fin 2008. Les quinze ans étaient presque passés, mais le projet restait encore loin d'être inauguré. Il commençait, doucement mais sûrement, à se concrétiser partiellement, en particulier grâce à l'Europe.

Mais comment se faisait-il que le ministère n'ait trouvé personne à Paris pour représenter la France à cette réunion de Vérone ? Notre pays allait recevoir officiellement une subvention de 671,8 millions d'euros accordée par l'Europe, sur la campagne budgétaire 2007-2013, pour la poursuite des études et le début de la construction du tunnel de base entre Saint-Jean-de-Maurienne et Bruzzolo. Une belle somme !

La demande de financement a été déposée conjointement par la France et l'Italie. L'administration italienne a réussi in extremis à boucler son dossier avant fin juillet 2007, alors qu'elle venait de changer le tracé du projet sur le versant italien. Il faut dire que la population du Val de Suse manifestait violemment son hostilité à cet ouvrage. En 2005, le site de Venaus, où devait déboucher le tunnel, a été investi par les opposants, au moment où des travaux préparatoires devaient commencer. Les drapeaux « no-TAV » fleurissaient dans la vallée : non au « Treno Alta Velocita » (le train à haute vitesse) qui allait défigurer la vallée et qui n'était soutenu que par les multinationales du génie civil ! Depuis deux ans, les Italiens avaient mis en place une « table de concertation » qui avait permis aux élus locaux et aux spécialistes du projet, de discuter de tous les aspects du nouvel ouvrage, sous la conduite d'un médiateur nommé par le gouvernement, M. Mario Virano. Le projet a été remis à plat, en partant de ses objectifs, de son utilité économique, jusqu'à ses caractéristiques techniques et les impacts environnementaux des travaux. Un nouveau site du débouché italien du tunnel, sur l'autre rive de la Dora, a été proposé. Il semblait poser moins de problèmes d'insertion dans le secteur de Suse. L'Italie espérait que les travaux préparatoires allaient pouvoir démarrer prochainement dans cette nouvelle configuration.

L'ouvrage, qualifié de « tunnel de base », comprenait initialement un tunnel transfrontalier franco-italien de 53 km entre Saint-Jean-de-Maurienne et Venaus, et un second tunnel de 12 km, sur le versant italien, au Nord de Suse. Son coût total était évalué à 7,5 milliards d'euros en valeur janvier 2006. Le nouveau tracé en cours d'étude était plus long, avec 52 km pour le tunnel principal et 23 km pour le second, au Sud de Suse. Entre les deux, un viaduc de 275 m sur la Dora, au niveau de Chiomonte. Il fallait vraiment que le gouvernement italien tienne à ce projet pour accepter cette modification qui allait, pensait-on alors, augmenter significativement le coût des travaux. La différence d'attitude des deux gouvernements était d'ailleurs un peu paradoxale, entre une Italie officiellement très allante sur le projet face à une contestation bien organisée, et une France plus réservée au niveau central, alors que le projet était globalement bien accueilli dans les vallées alpines françaises.

C'est donc naturellement l'Italie qui décida fin 2008 de marquer, officiellement et médiatiquement, l'accord de l'Europe pour le financement des grands projets transalpins. En l'occurrence, la ville et la province de Vérone, organisaient une conférence « Vérone, carrefour d'Europe » pour souligner une étape décisive pour le financement du tunnel du Brenner et de celui du Lyon-Turin. L'invité d'honneur était M. Antonio Tajani, qui est par la suite devenu président du parlement européen de 2017 à 2019. Il était alors vice-président de la commission européenne, commissaire aux transports : il allait signer, devant la presse, les décisions de financement, près d'un an après leur attribution, en présence de M. Altero Matteoli, ministre italien des transports, et de M. Patrick Vlacic, ministre aux transports de Slovénie. M. Dominique Bussereau, également invité, était excusé. Je devais le remplacer pour prendre la parole sur le thème : « Accès Ouest au Mont-Cenis – Les flux Ouest-Est ».

Je me suis donc mis sans tarder à préparer l'exposé que j'allais prononcer pour le compte du ministre. Comme lorsque je préparais les interventions du préfet dans différentes réunions sur le thème des transports, j'ai d'abord cherché à bien m'imprégner de la position de M. Bussereau sur le sujet. Mon collègue du ministère m'avait envoyé une note préparatoire qu'il avait rédigée pour la rencontre des ministres des transports européens, qui venait de se tenir, le 9 octobre 2008, à Luxembourg. Elle me donnait des éléments précieux. Il y était question de la politique européenne des transports, en vue de la publication d'un « livre vert » qui ferait le point sur les difficultés rencontrées par les différents pays en la matière, et fixerait des orientations nouvelles. La question du changement climatique, qui commençait à devenir une préoccupation majeure pour un cercle grandissant de responsables politiques, devait être prise en compte. Un spécialiste du fret ferroviaire allait exposer les difficultés rencontrées par les opérateurs pour obtenir un « sillon » sur le réseau ferroviaire, c'est-à-dire une autorisation de circuler, à un horaire donné, entre deux points du réseau. Les compagnies ferroviaires ont besoin de réserver à l'avance des sillons pour le fret sur de longues distances, pour assurer un trajet suffisamment rapide et fiable, répondant aux besoins de leurs clients. Bien souvent, à cause du partage des capacités entre les trains de voyageurs et le fret, c'est le train de fret qui doit s'arrêter pour laisser passer les voyageurs, et cela nuit à la compétitivité du fret ferroviaire par rapport aux transports routiers.

Puis les questions de fond étaient posées dans cette note préparatoire : à quel besoin de service doit répondre le réseau trans-européen ? Comment renforcer la part modale du rail par rapport à la route ? Ne faut-il pas privilégier l'exploitation du réseau ferré existant, unifier les règles de signalisation et de sécurité, coordonner l'attribution des sillons ? Comment définir des priorités parmi les projets d'infrastructures nouvelles, certes nécessaires mais très lourds à financer ?

En lisant cette note entre les lignes, je reconnaissais bien la prudence, pour ne pas dire la réticence, des services du ministère, par rapport aux grands projets d'infrastructures ferroviaires en général, et au Lyon-Turin en particulier. Ce projet est beaucoup trop cher, pensaient-ils probablement, et ses effets trop incertains pour le soutenir sans réserve. Oui, bien sûr, on le fera, pour respecter le traité franco-italien de 2001, mais ne nous pressons surtout pas !

J'approuvais tout à fait l'orientation générale consistant à donner la priorité à l'amélioration de l'exploitation du réseau existant par rapport à la construction de nouvelles infrastructures, mais je percevais aussi dans cet argumentaire ministériel une forme de prudence par rapport au mode ferroviaire.

Culturellement, c'était encore bien perceptible à cette époque, mon ministère restait profondément marqué par son passé routier : ses structures et ses méthodes d'analyse ont été façonnées par la conduite des projets d'autoroutes qui ont quadrillé le territoire depuis 1970. Par contre, le mode ferroviaire était entièrement pris en charge par la SNCF, depuis la genèse des projets jusqu'à leur mise en service, en incluant leur financement. Une certaine méfiance s'était installée au sein du ministère sur ce monopole pour le moins peu transparent. La

SNCF avait accumulé une dette colossale. Lorsque Réseau ferré de France a été créé en 1997, permettant de séparer les investissements en infrastructures des dépenses d'exploitation des trains, il a hérité de la majeure partie de cette dette, avec pour objectif de la réduire. Le ministère devait rester vigilant.

Pourtant, les choses bougeaient, depuis 2007, avec le Grenelle de l'environnement.

Dans son discours de clôture de ce grand rassemblement, le 25 octobre 2007 à Paris, en présence du vice-président américain Al Gore et de José Manuel Barroso, président de la commission européenne, le président de la République Nicolas Sarkozy a évoqué la question des transports : « Nous ne pouvons plus définir des politiques en ignorant le défi climatique ... la priorité ne sera plus au rattrapage routier mais au rattrapage des autres modes de transports. » Il concluait : « Ce New Deal écologique, la France ne le portera pas seule. Elle veut le porter avec l'Europe, à la tête de la politique environnementale européenne, avec la commission, avec le parlement. »

Peu après le Grenelle, le 18 décembre 2007, M. Dominique Bussereau a signé, avec le Premier ministre François Fillon et le ministre de l'écologie Jean-Louis Borloo, la déclaration d'utilité publique (DUP) du tunnel de base du Lyon-Turin entre la France et l'Italie. La DUP est un acte administratif indispensable, mais pas suffisant. Elle permet le lancement des travaux, en autorisant les expropriations nécessaires. Mais il manquait encore le financement, qui couvrait seulement la conduite des études. L'accord de l'Europe pour subventionner le début des travaux, arrivait au bon moment.

Toute l'année 2008 a été riche en débats au parlement, pour la mise au point de la loi « Grenelle 1 », la loi de programmation relative à la mise en œuvre du Grenelle de l'environnement. Dans la partie relative aux transports, un premier texte présenté par le gouvernement, comprenait une liste des lignes nouvelles ferroviaires à grande vitesse à lancer d'ici 2020, mais le Lyon-Turin n'y figurait pas. Le député de la Savoie Michel Bouvard s'en est étonné et déposa un sous-amendement le 16 octobre 2008, qui fut adopté. L'alinéa suivant fut inséré à la fin de la liste : « Les accès français au tunnel international de la liaison ferroviaire Lyon-Turin, qui fait l'objet d'un traité franco-italien. »

Comment faire la synthèse de ces éléments de contexte ? Le gouvernement français soutenait sans ambiguïté le projet Lyon-Turin, et se réjouissait évidemment que sa demande de subvention auprès de l'Europe fut acceptée. Fallait-il tempérer cette position et laisser transparaître qu'il semblait encore hésiter et se poser des questions sur le calendrier à suivre ? Heureusement, je pouvais éviter de soulever trop directement cette question délicate. On me demandait d'intervenir sur un sujet plutôt technique et factuel : que se passe-t-il concrètement de l'autre côté des Alpes, vu de l'Italie ? Je préparai donc un exposé sur les recherches d'un tracé de ligne nouvelle entre Lyon et l'entrée du tunnel, à Saint-Jean-de-Maurienne, avec comme question centrale le service attendu de cette infrastructure, pour le fret, pour les TGV grandes lignes et pour les relations régionales.

Vendredi 5 décembre 2008. J'arrivai à Vérone vers 9 h 30, au volant de ma petite Clio blanche, et je fus accueilli comme un ministre. J'ai pu stationner juste devant le Palazzo della Gran Guardia. J'ai rejoint les personnalités présentes. Le ministre slovène n'était pas venu non plus. Lui aussi s'était fait représenter, mais par un directeur de son ministère, nettement plus gradé que moi.

À l'origine du projet, ai-je expliqué à la tribune quand ce fut mon tour de prendre la parole, l'idée principale sous-jacente dans les dossiers consistait à permettre aux TGV de rouler à 300 km/h de Lyon à Turin. Mais depuis le débat sur l'intérêt économique du projet, lancé par le préfet de région en 1993 et les schémas nationaux de services collectifs de transport approuvés en 2001, le report modal du trafic des marchandises de la route vers le rail était devenu l'objectif prioritaire. Ceci expliquait qu'après avoir dessiné un tracé de ligne à grande vitesse, les études aient porté sur une ligne spécifique pour les trains de marchandises, entre la vallée du Rhône et l'entrée du tunnel. Finalement, le choix s'était porté en 2006 sur une option permettant dans un premier temps d'accueillir les deux types de trains sur la même ligne venant de Lyon, en complément du réseau existant. Ainsi, au lieu de devoir passer par Ambérieu-en-Bugey ou par Grenoble, les trains de marchandises pourraient suivre une ligne droite entre Lyon et l'entrée du tunnel de base. L'avant-projet sommaire de cette nouvelle option de passage était presque terminé et une consultation des élus et des acteurs du territoire était envisagée pour 2009. Ainsi, je pouvais dire que, comme Vérone, Lyon conforterait son rôle de « carrefour d'Europe », entre des axes de communication majeurs : l'axe Nord-Sud par la vallée du Rhône et l'axe Est-

Ouest, depuis la Slovénie et l'Italie en direction du Royaume-Uni ou de la péninsule ibérique.

En conclusion de mon intervention, il me vint cette formule : « *l'Europe a besoin du fer, mais le fer a aussi besoin de l'Europe !* » C'était d'abord l'expression d'une conviction qui me paraissait partagée par l'assistance, portée par l'Europe, inscrite également dans le projet de loi Grenelle 1 : pour réduire le bilan carbone des transports, lutter contre la pollution et l'engorgement des routes, le mode ferroviaire devait être privilégié dans les politiques publiques des transports de tous les pays européens. Et j'ajoutai ensuite, de façon assez explicite, que la France rencontrerait quelques difficultés à rassembler les moyens nécessaires pour répondre à ses ambitions sans l'aide de l'Europe. Son aide financière, évidemment, c'était le moment de le souligner, pour parvenir à réaliser les coûteux investissements en infrastructures nouvelles. Un soutien méthodologique me paraissait également indispensable, pour utiliser les bons leviers de façon coordonnée entre les différents pays, ces leviers comprenant les mesures d'exploitation des réseaux ferrés, la tarification des circulations des poids-lourds, encadrée par la directive « eurovignette », en complément de l'amélioration des infrastructures ferroviaires. C'est bien à l'échelle de l'Europe que le mode ferroviaire trouve sa pertinence, sur les grands corridors internationaux, et c'est à cette échelle-là qu'il convient de chercher des synergies entre les différentes actions à entreprendre.

« Investir aujourd'hui dans des infrastructures de transport européennes cruciales, c'est démontrer que l'Union européenne peut réagir à la crise économique à court terme en accélérant la réalisation des projets d'infrastructure, mais aussi à moyen terme en créant le réseau ferroviaire de base qui permettra à l'Europe de rester compétitive et de relever le défi du changement climatique », a déclaré à son tour le président de la séance, M. Antonio Tajani, en conclusion des exposés.

Après les discours, M. Tajani signa les conventions de financement, et me remit celle destinée à la France, pour la photo, aux côtés du ministre italien M. Matteoli et du représentant de la Slovénie. Après quoi, les conventions ont été soigneusement récupérées par les services de la commission européenne pour les faire parvenir à leurs destinataires officiels, et j'ai pu retourner tranquillement sur mes terres lyonnaises.

J'avais communiqué au ministère mon projet d'intervention, avant de partir pour Vérone, et je lui ai rendu compte de ce que j'ai entendu lors de cette rencontre, mais je n'ai pas reçu beaucoup de retour de sa part. Quand j'y repense, onze ans plus tard, en écrivant cette histoire, je me demande si cette fin d'année 2008 n'a pas été, finalement, le vrai tournant dans la longue trajectoire du projet Lyon-Turin. Un tournant que j'ai eu la chance d'entrevoir en direct, en particulier à Vérone, mais qui est resté dans le brouillard pour beaucoup d'observateurs du projet. À la sortie de ce virage, le « TGV Lyon-Turin » commençait sérieusement à ralentir. Par contre, le « tunnel de base » européen sous les Alpes franco-italiennes, entre Saint-Jean-de-Maurienne et Suse, avançait à grands pas.

Il fallait peut-être sortir de l'hexagone pour s'en rendre réellement compte. L'enjeu principal n'était ni Lyon, ni Turin, ni Vérone, mais la constitution d'un réseau trans-européen de transport modernisé, sur lequel le mode ferroviaire retrouverait toute sa place. Un réseau tirant le meilleur parti des voies ferrées existantes, tout en permettant la circulation des trains d'aujourd'hui et de demain, assez lourds et assez rapides pour gagner en compétitivité par rapport à la route. C'était exactement l'objectif des tunnels de base programmés par les Suisses, sous les massifs du Gothard et du Lötschberg, et celui du tunnel du Brenner entre l'Italie et l'Autriche. L'étiquette de TGV (train à grande vitesse) ou de TAV (treno alta velocita) que nous avions collée sur le tunnel de base franco-italien n'apportait pas grand-chose de plus. Au contraire, elle brouillait le message et risquait plutôt de nous compliquer la tâche.

FÉVRIER 2017, L'ACCORD ENGAGEANT LES TRAVAUX EST RATIFIÉ

En décembre 2015, sept ans après Vérone, une nouvelle convention de financement (Grant Agreement en anglais) pour le Lyon-Turin est intervenue entre l'agence européenne INEA (Innovation and Networks Executive Agency) et les deux ministres chargés des transports. Cette fois, ce sont 814 millions d'euros qui ont été attribués directement au promoteur du tunnel de base du Lyon-Turin, la toute nouvelle société TELT (Tunnel Euralpin Lyon Turin), au titre de la période 2015-2020. La décision d'attribution était tombée le 10 juillet 2015. Les circuits officiels se sont terminés par une signature le 3 décembre 2015, dans les administrations, sans grande réunion médiatique.

L'ouvrage soutenu par l'Europe n'avait pas changé de nature : c'était toujours un « tunnel de base » mais sa longueur était passée de 53 km à 57,3 km de façon à contourner la ville de Suse. Grâce à cet allongement du tunnel principal, le second tunnel qui lui succédait en Italie pour rejoindre la ligne existante, a pu être réduit à 2,1 km sous le versant sud de la vallée. Le coût total des travaux était estimé à 8,3 milliards d'euros, s'ajoutant à l'enveloppe de 1,5 milliard d'euros déjà attribuée au projet pour les études, soit un total de 9,8 milliards. Pour être complet, il convient de rajouter 0,3 milliard d'euros pour les dépenses d'acquisitions foncières et les mesures d'accompagnement, prises en charge directement par les deux États.

Compte tenu de l'inflation, le total de 10,1 milliards reste cohérent avec les 7,5 milliards d'euros annoncés en 2008.

L'Europe a ciblé les sections transfrontalières des projets appartenant au réseau trans-européen de transport, en portant son taux de subvention à 50 % pour les études et 40 % pour les travaux. L'action retenue se limitait à la construction du tunnel de base, raccordé de part et d'autre à la ligne existante : la décision de l'INEA s'intitulait « tunnel de base du Mont-Cenis » et précisait que c'est un tronçon-clé du corridor méditerranéen entre l'Ukraine et l'Espagne. Un projet stratégique, qui ouvre un passage nouveau à travers les Alpes pour des trains de fret lourds, alors que la ligne de montagne présente des performances de trafic limitées.

Le tunnel du Brenner figure aussi dans la liste des projets retenus, avec un montant de subventions de 1,18 milliard d'euros, supérieur aux 814 millions accordés au Lyon-Turin pour les six ans à venir, parce que le calendrier des travaux du premier est un peu plus avancé que celui du second.

L'agence disposait au total d'une enveloppe de 22,4 milliards d'euros de crédits, à répartir sur les projets prioritaires de transport de 2015 à 2020, et cela ne suffisait pas pour satisfaire toutes les demandes de subventions qu'elle avait reçues. Après avoir éliminé certaines demandes, elle a décidé, avec beaucoup de pragmatisme, de ne prendre en compte que les dépenses prévues par les porteurs de projet entre 2015 et 2019, pour tous les projets qu'elle a retenus. Elle verrait, pour les crédits à verser en 2020, s'ils ont respecté ou non leur planning, faisant le pari que les crédits non consommés par les projets qui auront pris le plus de retard, seront suffisants pour pouvoir être attribués à ceux qui auront avancé plus vite.

Les 814 M€ de subvention accordés au Lyon-Turin sont une enveloppe prévisionnelle maximale dans laquelle l'Europe puisera pour verser à TELT, au fur et à mesure de l'avancement de l'ouvrage, la subvention européenne pour la fin des études et reconnaissances géologiques, avec un taux de subvention de 50 % des dépenses réelles, puis environ une année de travaux de grande ampleur, au taux de 40 % des dépenses. En signant la convention de financement, la France et l'Italie se sont engagées à verser le reste du financement, pour un montant prévisionnel de 1,167 milliards d'euros, 500 millions pour la France et 667 millions pour l'Italie, sur la même période 2015-2020. Au total, près de 2 milliards d'euros de dépenses sont ainsi couvertes.

Les travaux de grande ampleur devaient débuter en 2019 dans le planning présenté à l'Europe, mais le lancement des appels d'offres a pris du retard au moment de l'arrivée au pouvoir en Italie du mouvement « 5 étoiles ». Farouchement opposé au projet, ce dernier semble finalement l'avoir accepté dans les négociations pour former une nouvelle coalition gouvernementale, en août 2019. À cause de ce retard, les travaux principaux débuteront sans doute fin 2020 du côté français et probablement en 2021 du côté italien, même si des travaux importants de tranchée sont déjà visibles près de Saint-Jean-de-Maurienne, pour passer sous l'autoroute.

TELT n'aura donc pas besoin de demander une rallonge pour cette année 2020. Il attendra la programmation de la période 2021-2027 pour signer une nouvelle convention de financement, la troisième de ce type, pour un montant de subventions européennes qui pourrait alors tourner autour des 2 milliards d'euros. Si l'Europe apporte ce montant, il faudrait que la France débourse simultanément 1,25 milliard d'euros et l'Italie 1,75 milliard d'euros. Ces chiffres ne sont que des ordres de grandeur, qui n'ont aucune valeur officielle, mais ils conduiraient à un total de dépenses de 5 milliards d'euros, s'ajoutant aux dépenses des deux périodes précédentes. Une quatrième demande sera sans doute nécessaire pour terminer l'ouvrage, après 2028. Je ne me hasarderai pas à donner son montant, qui dépendra de la façon dont se dérouleront les travaux et aussi de l'inflation. Mais j'ai l'impression que tout se présente bien, j'entends même parler d'une possible augmentation du taux de subvention de l'Europe pour les travaux. Cela réduirait d'autant la part restant à la charge de la France et de l'Italie, et réduirait les risques d'un nouveau retard.

Cette réponse de l'Europe du 10 juillet 2015 faisait suite à la demande de subvention que la France et l'Italie ont déposée à Bruxelles le 26 février 2015, peu après le sommet franco-italien qui s'est tenu le 24 février 2015 à Paris. Ce jour-là, François Hollande et Matteo Renzi, le président du Conseil italien, avaient décidé d'engager les travaux définitifs de la section transfrontalière, et d'en confier la réalisation au promoteur public « Tunnel Euralpin Lyon Turin », créé le 23 février 2015. C'est la continuité de « Lyon Turin Ferroviaire », filiale de la SNCF et des FS (Ferrovie dello Stato), qui a mené les études et lancé les galeries de reconnaissance, mais avec des statuts différents et une organisation renforcée pour conduire des travaux exceptionnels. Le nom de la nouvelle société officialise le fait qu'elle construira un tunnel, situé sur la ligne actuelle entre Lyon et Turin, et non une ligne nouvelle complète, sans parler de « grande vitesse ».

Ce sont là des décisions majeures pour l'avancée du projet, au début de cette année 2015. L'accord franco-italien du 24 février 2015, signé par les ministres Alain Vidalies et Maurizio Lupi, devait être complété par un protocole additionnel relatif aux modalités de répartition des dépenses, sur lesquelles il subsistait un petit litige entre la France et l'Italie. Ce point fut résolu un an plus tard, à l'occasion du sommet franco-italien de Venise, le 8 mars 2016.

Il ne restait plus qu'à ratifier cet accord, pour qu'il devienne un traité international. L'assemblée nationale l'a approuvé le 22 décembre 2016 et le Sénat le 26 janvier 2017. Le président François Hollande a promulgué la loi de ratification le 1er février 2017. Sur le plan juridique, l'accord international signé par les ministres en février 2015 est devenu, deux ans plus tard, une obligation qui s'impose à la France avec une force supérieure à celle des lois nationales. Il en fut de même pour l'Italie, avec une loi similaire approuvée le 5 janvier et publiée le 12 janvier 2017.

UN HORIZON QUI RECULE

Le chemin parcouru pendant ces sept années, de 2008 à 2015, est impressionnant. Je le mesure personnellement en journées de travail, en mètres linéaires de dossiers épluchés et analysés, qui s'accumulaient dans les étagères de mon bureau, ou en gigaoctets de données stockées sur mon disque dur. Pourtant, je n'ai participé qu'à une petite partie des études. Je suis allé une vingtaine de fois à Rome et autant de fois à Paris, pour des réunions binationales, certaines à caractère très techniques, d'autres avec une dimension plus politique. De façon visible et officielle, des études de plus en plus approfondies ont été terminées, approuvées, après de longues négociations, et les décisions politiques sont venues en appliquer les conclusions.

Le chantier de creusement des galeries de reconnaissance a été lancé dès 2001. Ce sont des tunnels annexes, creusés depuis la surface pour atteindre le tracé du futur grand tunnel, à quelques centaines de mètres de profondeur. Ils serviront d'accès de secours lorsque le tunnel sera en service, et permettront également de faciliter les travaux de construction. Mais en attendant que la décision définitive de construire le tunnel fut prise, le creusement des galeries de reconnaissance faisait partie des études géologiques nécessaires pour avoir une bonne connaissance des terrains traversés. De multiples sondages géologiques, depuis la surface, donnent des renseignements précis sur la nature des roches. Mais en allant sur place, il est possible d'en savoir plus sur leur comportement au cours du creusement. Trois galeries de reconnaissance ont été creusées en

France, selon une méthode traditionnelle, à l'explosif. La première, à Villarodin-Bourget, près de Modane, a débuté en 2002 et s'est achevée en 2007. Elle mesure quatre kilomètres de long, en descente à 10 %, et deux véhicules peuvent s'y croiser. Deux autres ont débuté, en 2003 à Saint-Martin-la-Porte et en 2005 à La Praz. Celle de Saint-Martin-la-Porte a été la plus difficile, parce que le terrain n'était pas assez dur et se refermait lors du creusement, si bien qu'il fallait le soutenir très rapidement avec des arceaux métalliques ou du béton. Il a fallu sept ans pour parvenir à creuser ses 2 400 mètres. En Italie, les travaux ont été longtemps retardés par les oppositions violentes au démarrage du chantier sur le site de Venaus. Une galerie est partie du site de Chiomonte, ouvert en 2010. Avec l'utilisation du premier tunnelier, ses 7 km ont été creusés en quatre ans, entre 2013 et 2017. Le chantier de reconnaissance se poursuit jusqu'en 2021, à l'explosif, sur un petit tronçon particulièrement difficile, à l'Ouest de la galerie de Saint-Martin-la-Porte.

Pourtant, pendant ces années d'intense activité, j'ai vu la ligne d'horizon reculer au fur et à mesure que l'on s'en approchait. La date prévue de mise en service du tunnel était 2023 dans le planning déposé en 2008, elle est passée à 2029 dans le nouveau planning actualisé en 2015. En sept ans, le dossier a pris six ans de retard. Autant dire que nous avons fait du sur-place ! En regardant un peu plus loin en arrière, je me rappelle que la date d'ouverture avait été fixée à 2015, lors de la signature du traité de Turin, le 29 janvier 2001, par les ministres Jean-Claude Gayssot et Pierluigi Bersani. Peu après, au début de 2002, Jean-Claude Gayssot a même déclaré au Sénat : « Le dernier sommet franco-italien, qui s'est tenu à Périgueux, le

27 novembre 2001, a permis à la France et à l'Italie de confirmer leur volonté d'accélérer les procédures afin de mettre en service la liaison dès 2012 : nous avons gagné trois ans ! »

Mais la réalité est moins euphorique. Le calendrier des études et des négociations a pris beaucoup de retard par rapport à ces annonces. En mars 2013, l'Europe a été amenée à constater que sa participation financière ne dépasserait pas 395 millions d'euros au lieu des 671,8 M€ affichés en 2008 à Vérone, tout en allongeant jusqu'à 2015 la durée autorisée pour dépenser les crédits de la campagne 2007-2013.

Dans le même temps, le tronçon de ligne nouvelle à grande vitesse entre Lyon et Montmélian, qui devait être la première phase du projet d'ensemble présenté en 1994, est devenue une très hypothétique quatrième phase des accès français au tunnel de base, sans calendrier défini. La nouvelle première phase de ces accès, sous la forme d'une ligne mixte (fret et voyageurs) entre Lyon et Chambéry, a été classée dans les opérations à engager entre 2030 et 2050 dans le rapport de 2013 de la commission « Mobilité 21 » présidée par M. Philippe Duron. Elle se retrouve maintenant reportée après 2038 dans son nouveau rapport de 2018. Cette composante du projet se détache très nettement du tunnel en cours de creusement.

Faut-il s'en alarmer ? Est-ce une marque d'échec de l'action publique ? Serait-il au contraire normal, ou même indispensable, de prendre son temps avant de se lancer dans un projet de cette ampleur ? Les mécanismes de décision sont pour le moins complexes, et je trouve surtout qu'ils sont très difficiles à comprendre pour le grand public. Les délais nécessaires à la conduite des études sont déjà longs parce qu'il faut collecter une quantité impressionnante de données et produire des documents volumineux. Mais les décisions sont encore plus longues à prendre, qu'il s'agisse de choisir entre plusieurs tracés, ou de passer à la phase suivante des études. Un premier temps de maturation permet à chacun des décideurs d'analyser les conséquences et de peser le pour et le contre. Ensuite, il faut souvent beaucoup de temps encore pour construire une décision collective qui prenne en compte la diversité des acteurs. Une multitude de structures sont concernées, les collectivités locales, les associations, les acteurs économiques, ainsi que l'ensemble de la population qui peut bénéficier des apports du projet ou en subir des conséquences dommageables. S'agissant d'un projet public, chaque citoyen a le droit de savoir à quoi va servir l'argent provenant de ses impôts. Les deux États sont en première ligne, la France et l'Italie, mais ils ne sont pas coupés du reste de l'Europe, ni des collectivités locales plus proches du terrain, les régions, départements ou provinces et les nombreuses communes traversées.

L'histoire des projets d'équipements de cette importance ne montre pas un moment précis où se prendrait une décision définitive, mais elle comporte une multitude de petites décisions successives qui ressemblent plutôt à un jeu de pistes ou à un parcours d'obstacles. Certains projets se perdent en cours de route. Lorsqu'un projet parvient à l'arrivée de la course, c'est rarement à l'heure prévue, et il est souvent assez différent de celui qui s'était présenté au départ. C'est ainsi, et finalement, c'est probablement une chance pour la démocratie.

POURQUOI RACONTER LE CHEMIN
D'UN PROJET ?

J'ai travaillé sur le Lyon-Turin pendant la moitié de ma vie professionnelle, soit un peu plus de vingt-deux ans. Je suis parti à la retraite en février 2017, quelques jours après la signature de la loi de ratification de l'accord de 2015 qui engage les deux pays dans la construction du tunnel. Plusieurs fois, des amis ou des collègues m'avaient dit, pensant peut-être me faire plaisir, que je pourrais écrire un livre pour raconter son histoire.

Mais je me demandais bien ce que je pourrais écrire d'intéressant sur ce projet, et dans quel but ? Je l'ai regardé cheminer, avec un œil d'ingénieur de l'administration française, au contact d'autres techniciens français ou italiens, et nous cherchions en premier lieu à rendre compréhensibles toutes les dimensions de ce projet, ses enjeux, ses risques comme ses chances, pour éclairer les décideurs. Bien sûr, j'ai un avis sur cet ouvrage, mais je ne considère pas qu'il ait plus d'importance que d'autres avis, et je n'ai jamais cru que je pourrais convaincre les opposants de changer de camp. Je pense également à Louis Besson, ancien ministre, maire de Chambéry pendant près de quinze ans, président de la commission intergouvernementale du Lyon-Turin, qui s'est beaucoup engagé pour soutenir son avancement. Il a publié lui-même un livre en 2016[1] pour répondre aux opposants qui l'avaient pris pour cible. Son témoignage est bien plus légitime que le mien.

1« Le nouveau lien ferroviaire mixte transalpin Lyon-Turin, pour l'environnement, pour l'économie, pour l'Europe », par Louis Besson, aux éditions l'Harmattan

Ce que je retiens de ma participation à ces échanges entre techniciens des administrations, c'est surtout la grande diversité des points de vue qui s'exprimaient autour du même objet, en fonction de l'origine administrative de leurs auteurs. L'approche n'est évidemment pas la même pour le spécialiste des transports, celui des finances ou celui de l'environnement.

Les ingénieurs, dont je fais partie, vont être attirés par la solution technique la plus efficace, et auront tendance à défendre les projets les plus aboutis et optimisés. Les financiers regarderont le montant des dépenses, et préféreront plutôt la solution la moins coûteuse. Les écologues auront des arguments différents, devant intégrer à la fois les conséquences à long terme en matière d'environnement d'un projet, suivant la façon dont il est conçu, et les impacts à court terme des travaux qui précèdent sa mise en service.

Les méthodes de travail sont également différentes en Italie et en France. Le chemin parcouru est le résultat d'une multitude de petits pas : « pas à pas, on gravit la montagne » disait-on dans les randonnées en famille. Sans vouloir caricaturer, j'ai souvent eu l'impression que nous, Français, avec notre esprit cartésien, pensions que nous allions progresser en mettant un pied devant l'autre et en gardant le cap. Les Italiens partaient plutôt dans une sorte de danse, dont nous avions du mal à comprendre le mouvement, regrettant tous ces pas de côté ou en arrière. Mais finalement nous nous retrouvions souvent au même niveau, et parfois ils allaient plus vite que nous. Alors que la technique qui fait mon métier a un côté rébarbatif, c'est ce côté social et humain de la conduite des projets qui m'a le plus intéressé.

Mon itinéraire d'ingénieur a été marqué par des hommes et des femmes de grande valeur, qui m'ont indiqué la voie à suivre. Des directeurs remarquables, par leur sens du service public et leurs qualités humaines de management, comme Patrice Raulin ou Vincent Amiot. Ils m'ont conduit à remettre à sa juste place, qui est très modeste, la connaissance technique ou la capacité de raisonnement qui sont à la base de notre formation d'ingénieur. La vraie vie n'est pas un problème de mathématiques dont l'énoncé est écrit noir sur blanc, et qui appelle une solution, une seule, la bonne, les autres réponses étant obligatoirement fausses.

Je me souviens également de Claude Martinand, qui fut le premier président de Réseau ferré de France, décédé trop tôt, malheureusement, en 2012. Ses hautes responsabilités au sein du ministère ou de ses établissements publics n'ont jamais affecté sa modestie. Il était attentif à chacun de ses interlocuteurs et nous appelait, nous les ingénieurs, à comprendre d'autres logiques que la nôtre et à ne surtout pas croire que nous détenions l'unique vérité.

J'ai définitivement mis de côté cette conception simpliste d'un problème et d'une solution, dans le domaine des grands projets publics, lorsque j'ai assisté à la soutenance d'un travail de fin d'études d'une élève-ingénieure, Delphine Röthlisberger à l'école nationale des travaux publics de Vaulx-en-Velin. C'était le 3 juillet 2009. Sous le titre « La concertation : une forme de démocratie participative ? », son objectif était de décrire les jeux d'acteurs qui se développent autour des projets d'aménagement du territoire.

Elle avait pris pour exemple le contournement ferroviaire de l'agglomération lyonnaise (le CFAL), mais son analyse se voulait plus générale et transposable à d'autres infrastructures. Je lui avais raconté en détail les différentes étapes de la concertation autour du CFAL, dont le cheminement ne pouvait pas être dissocié de celui d'autres projets, comme le contournement autoroutier Ouest de Lyon ou le Lyon-Turin. Elle a réussi à donner à cette histoire un éclairage intéressant.

LE MODÈLE DE LA POUBELLE DE KINGDON

Pour tenter d'expliquer le calendrier souvent chaotique des grands projets d'infrastructures, Delphine Röthlisberger s'est référée à une théorie, la « fenêtre d'opportunité de Kingdon », qu'elle a trouvée dans la littérature. Voilà le passage qui m'a particulièrement intéressé dans son travail de fin d'études :

« Dans son ouvrage, Kingdon tente de comprendre comment un projet d'action devient ou ne devient pas une décision ou pourquoi certains problèmes sont mis à l'agenda et d'autres pas. Le point de départ de la réflexion de Kingdon est le modèle de la poubelle, développé par Michael D. Cohen, James J. March et Johan P. Olsen (1972). Pour ces auteurs, les préférences des acteurs sont incertaines et les décisions qu'ils prennent sont aléatoires. Dans une organisation, on trouverait pêle-mêle, comme jetés à la poubelle, des problèmes, des solutions, des acteurs, des opportunités de choix.
Kingdon part de l'idée centrale de ce modèle : les solutions ne sont pas créées pour résoudre des problèmes particuliers et n'ont pas besoin de ces problèmes pour exister. Toutefois, pour comprendre la décision malgré le désordre qui règne dans la poubelle, Kingdon propose de la saisir en termes d'opportunité …
Poursuivons encore l'analyse du concept de fenêtre d'opportunité de Kingdon. La fenêtre constitue une métaphore comparant la mise sur agenda, au lancement d'une mission spatiale qui ne peut partir qu'au moment où les planètes sont alignées. Dans le

cas de la fenêtre politique, il ne s'agit pas de planètes, mais de courants qui se rejoignent.

Le premier courant est celui des problèmes. Selon Kingdon, on peut parler de problème politique, dès lors que les gens sont convaincus que quelque chose peut être fait pour améliorer la situation.

Indépendamment se développe le courant des solutions dans lequel de nombreuses alternatives concurrentes circulent. Ces solutions ne sont pas initialement pensées pour résoudre des problèmes : elles sont en attente de problème à solutionner ou d'événements qui les rendent soudain plus visibles.

Enfin, dans le dernier courant, le courant politique, les événements évoluent selon des règles et un calendrier propres à la vie politique. Lorsque le contexte politique devient favorable et/ou qu'un problème surgit, le courant des solutions entre en jeu. Une alternative peut se greffer à n'importe quel problème dont elle n'est en général pas l'exacte solution, et lui permettre ainsi de passer de l'agenda gouvernemental à l'agenda décisionnel.

Cf. KINGDON (John W.), *Agendas, Alternatives and Public Policies*, Boston (Mass.), Little, Brown and Co, 1984 ». Fin de citation.

La lecture de cette théorie, formulée par un professeur de sciences politiques américain, fut pour moi très éclairante. C'est l'alignement de trois planètes, un problème, une solution et un soutien politique, qui crée la conjoncture astrale favorable pour la réalisation d'un investissement public. La pertinence d'un projet ne tient pas uniquement à ses qualités intrinsèques, mais dépend principalement de la perception des problèmes par la population, et du contexte politique environnant. Cela relativise les sentiments de succès ou d'échec que nous pouvons ressentir, nous les ingénieurs, en voyant le sort réservé à nos études, malgré les efforts que nous faisons pour optimiser les projets.

Cela permet aussi d'analyser avec intérêt les arguments des opposants, qui affirment que le projet auquel ils s'opposent ne répond pas au problème d'intérêt général tel qu'ils le perçoivent : c'est bien souvent une différence de compréhension des problèmes qui les conduit à s'opposer à un projet. En défendant leur perception, ils restent dans le domaine de l'intérêt général, sans mettre en avant l'argument « Nimby » (Not In My Back-Yard, pas dans mon jardin), et cela mérite notre attention. Je pense que cela peut aussi conforter les élus dans leur mission, avec la légitimité que leur confère la démocratie, pour faire entrer un projet dans « l'agenda décisionnel » au moment opportun.

La théorie de Kingdon donne un sens à ce chemin parcouru, et c'est ce qui me pousse à le raconter en le revisitant moi-même avec cette clé de lecture. Je reste lucide, ce modèle, comme tout modèle, est trop simple pour prétendre décrire des situations complexes, mais je le trouve intéressant pour élargir mon point de vue. Ce récit pourrait éclairer le lecteur sur les « alignements de planètes » qui ont permis au Lyon-Turin d'avancer jusqu'à maintenant, et peut-être, de mieux comprendre ce qui se jouera dans les événements à venir, qui jalonneront la vie du Lyon-Turin au cours des étapes qu'il lui reste sans doute à franchir.

Par la même occasion, ce récit me permettra de développer quelques réflexions sur des grandes questions qui agitent le monde des transports et qui font toujours débat, qu'il s'agisse du coût et des avantages des projets, des prévisions de trafic ou des gains de temps de parcours. J'ai souvent souffert d'entendre ou de lire beaucoup de questions sans réponses ou de mauvaises compréhensions de ces sujets dans des articles qui les abordent parfois de façon superficielle. Je ne le fais pas dans l'esprit de vouloir convaincre qui que ce soit, mais pour que les questions posées trouvent au moins une tentative de réponse approfondie, à prendre ou à confronter à d'autres réflexions.

Comme point de départ de mon analyse de ces questions récurrentes, je propose de revenir sur une émission de télévision de fin 2015, « Pièces à conviction », qui m'a valu de nombreuses interpellations de la part de mon entourage. J'y ai retrouvé la plupart des sujets qui font polémique. Des collègues de travail ou des membres de ma famille ont visiblement été ébranlés par les arguments qui y étaient développés contre le Lyon-Turin. Cette émission aurait pu être l'occasion d'avancer dans la compréhension du projet, mais elle a, au contraire, renforcé les clivages. En fait, l'émission n'avait pas un objectif pédagogique, elle cherchait surtout à nourrir des polémiques.

LE 4 NOVEMBRE 2015, « PIÈCES À CONVICTION » SUR FRANCE 3

Le titre de l'émission « Enquête sur un tunnel à 26 milliards » donne le ton : c'est une émission à charge contre le projet, elle va essayer de convaincre les téléspectateurs que nos responsables gaspillent l'argent public. Elle sort à la fin de cette année 2015 qui a vu la confirmation officielle du lancement des travaux du tunnel de base. J'avais lu, avant de voir l'émission, le commentaire de Télérama, qui annonçait une polémique sur le temps de parcours entre Paris et Milan ainsi que des arguments écologiques « rapidement balayés ». J'étais curieux de savoir comment cela pouvait être présenté. Le titre de l'émission me montrait d'entrée de jeu, que ses réalisateurs n'étaient pas à un raccourci près, puisque le coût du tunnel est de l'ordre de 10 milliards et non 26 milliards.

L'émission commence. La présentation initiale du projet confirme l'erreur contenue dans le titre : « le chantier du TGV Lyon-Turin est lancé : 57 km de tunnel sous les Alpes. La facture finale devrait avoisiner les 26 milliards d'euros. » Quelques minutes après, le projet est décrit de façon plus détaillée. Le coût du tunnel franco-italien est de 9 milliards d'euros : cette fois, l'ordre de grandeur est bon. Le coût des lignes nouvelles d'accès du côté français est annoncé à 12 milliards d'euros. Pour atteindre le montant de 26 milliards, qui continue à s'afficher en bandeau en bas de l'écran, je suppose alors que les lignes nouvelles d'accès du côté italien sont comptées pour 5 milliards d'euros, alors que j'avais plutôt un montant de 2 milliards en tête.

En réalité, je savais bien d'où venait ce montant de 26 milliards attribué au Lyon-Turin. Il figure dans une analyse de la Cour des comptes de 2012 qui porte sur la totalité du « programme Lyon-Turin ». Ce programme comprend les accès français, le tunnel, et les accès italiens. La direction du trésor avait ajouté 2 milliards aux estimations officielles, pour tenir compte de la Gronda de Turin, un contournement de la ville qu'elle estimait lié au Lyon-Turin.

Sans s'attarder sur les montants exacts de chaque tronçon, qui ont évolué tout au long des études, le principal reproche que je fais aux réalisateurs de cette émission est d'entretenir une confusion entre le chantier du tunnel, qui est effectivement lancé pour environ 10 Md€, et le programme dans lequel il s'inscrit, alors qu'aucune décision n'est prise pour la réalisation des autres projets qu'il comprend. En revenant de Vérone, fin 2008, j'avais bien décelé ce risque de confusion entre le « TGV Lyon-Turin » imaginé par la France et sa SNCF, et le tunnel de base sous les Alpes, reconnu et subventionné par l'Europe.

Pour lever cette confusion, la bonne question à se poser est de savoir dans quelle mesure la réalisation du tunnel engage, plus ou moins rapidement, la réalisation des nouveaux accès, tant en France qu'en Italie. Tout à la fin de l'émission, heureusement, le débat entre Michel Bouvard, sénateur de la Savoie, et Yves Crozet, économiste que j'ai rencontré à plusieurs reprises au cours de débats publics, aborde ce point. Le premier explique le principe du « phasage » du projet : le tunnel est une première phase, dont on attend des effets sur le trafic. Lorsque celui-ci augmentera, les autres phases pourront être mises en œuvre, au niveau des accès, en réponse à la saturation des voies d'accès actuelles. Le second pense au contraire que le tunnel seul ne suffira pas à faire remonter les trafics, et que la totalité du programme sera ensuite présentée comme nécessaire pour donner une utilité au tunnel. Pour savoir qui a raison, il nous donne rendez-vous après l'ouverture du tunnel !

Juste après avoir suivi cette émission, je me souviens avoir assez mal dormi, car je cherchais dans ma tête ce qu'il aurait fallu répondre à Yves Crozet pour lui démontrer l'intérêt immédiat du tunnel, même sans nouveaux accès. Mais je suis arrivé au constat que la démonstration n'est pas si facile. En tout cas, elle ne tient pas en quelques phrases à la fin d'une émission de télévision : il faudrait effectivement écrire un livre pour avancer sur le sujet, avec toute la prudence nécessaire, parce que rien n'est jamais certain lorsque l'on se hasarde à prévoir l'avenir. Peut-être, quand même, aurais-je dit, si j'avais été là, qu'une réponse intéressante serait déjà donnée dès 2019, à l'ouverture du tunnel de base du Ceneri en Suisse, qui prolongera le tunnel du Gothard dont le creusement était terminé et qui allait ouvrir commercialement en 2016. Ces deux tunnels donneront un profil de plaine à la ligne ferroviaire qui traverse la Suisse, entre l'Allemagne et l'Italie. Les tunnels suisses ont été programmés sans nouvelles lignes d'accès, avec un objectif principal qui est le profil de plaine de l'itinéraire, et non la grande vitesse. C'est ce que permettra notre tunnel, dès son ouverture, pour la ligne entre la France et l'Italie. Si les trafics de l'itinéraire ferroviaire suisse augmentent significativement, au détriment de la route, cela sera de bon augure pour notre tunnel de base et pour la réduction de la pollution routière.

Aujourd'hui, je dois rajouter que ma réponse aurait été inexacte, puisque l'ouverture du Ceneri est maintenant envisagée fin 2020, mais il ne reste plus beaucoup à attendre. Déjà, en juillet 2019, j'ai constaté dans la presse spécialisée que l'opérateur ferroviaire suisse CFF Cargo a passé une commande ferme pour vingt locomotives neuves, avec une option pour vingt supplémentaires, qui lui seront livrées pour l'ouverture du Ceneri. Je pense que c'est bon signe !

Après la question du coût de l'ouvrage, l'émission aborde la question du fameux gain de temps, qui est présenté comme la justification principale de l'ouvrage. Ce n'est pas faux, mais c'est un peu réducteur. Un schéma de présentation du projet, provenant de la société TELT (Tunnel Euralpin Lyon Turin), apparaît à l'écran : on y lit que le temps de parcours entre Paris et Milan passerait de 7 h 08 à 4 h 02. La journaliste interroge alors M. Daniel Ibanez, présenté comme opposant au projet et habitant près du tracé. Il invite à lire les petits caractères sous le schéma : « Dans ces temps de parcours ne sont pas pris en compte les futurs arrêts intermédiaires ». Je reconnais ce schéma, qui figure dans la plaquette de présentation en huit pages diffusée par le promoteur du projet, mais je ne vois pas encore ce qu'il lui reproche exactement.

Et voilà que la journaliste et M. Ibanez prennent le train à Paris gare de Lyon, en direction de Milan, et se mettent en charge de calculer les temps d'arrêts, de les retrancher du gain de temps, et d'aboutir à la conclusion que le document est erroné. Là-dessus, la journaliste interroge Hubert Du Mesnil, le président de la société TELT, en charge de la construction du tunnel. Sa réponse sonne mal : « Oui, c'est une présentation favorable ». Et la parole retourne à M. Ibanez qui savoure sa victoire.

Pourtant, Hubert Du Mesnil a parfaitement raison, ses chiffres sont exacts mais le reportage n'a pas donné l'explication complète de l'écart entre deux approches différentes. Le président de TELT et l'opposant ne se trompent ni l'un ni l'autre, mais ils ne parlent pas de la même chose.

Le document incriminé présente le gain de temps obtenu de Paris à Milan en cumulant les effets de tous les projets regroupés dans le « programme Lyon-Turin », et des autres projets supposés réalisés dans le même temps en France et en Italie, en parlant de « l'offre ferroviaire actuelle », et de « l'offre ferroviaire future ». Une offre ferroviaire, c'est la combinaison d'une infrastructure et d'un horaire commercial mis en place par un opérateur à une date donnée, tenant compte du contexte global et des clients potentiels. Les temps de parcours présentés sont le résultat d'un calcul rigoureux et précis, entre la situation actuelle et la situation future imaginée.

Le gain de temps apporté par le tunnel en construction, dont il est question dans l'émission, est autre chose. Il est de 43 mn pour les voyageurs. Il est écrit noir sur blanc dans les documents détaillés mis à disposition du public lors de l'enquête publique de 2012. On y lit également que les lignes nouvelles d'accès du côté français apporteront encore 37 mn de gain à leur ouverture et 10 mn de plus à terme. Mais il est supposé que les trains qui circuleront lorsque ces deux tronçons seront en service, bénéficieront aussi des nouveaux accès en Italie, de la « Gronda » (le contournement) de Turin et de la ligne Turin Milan, ainsi que du relèvement de vitesse de 270 km/h à 300 km/h entre Paris et Lyon. Ils gagneront bien environ 3 heures, dans le contexte où l'ensemble de ces projets seraient en service et exploités avec des trains capables d'en tirer le meilleur parti. Ce calcul est fait de façon très précise en fonction des caractéristiques des lignes et du matériel roulant. Il peut être facilement vérifié. Le seul point qui me gêne dans ces affirmations est l'emploi du futur dans les dossiers d'études, comme si le scénario imaginé était certain de voir le jour. Il ne s'agit que d'une hypothèse de travail : l'emploi du conditionnel serait évidemment préférable. C'est ce qui fait dire à Hubert Du Mesnil que cette présentation est favorable.

C'est bien cette situation future globale qui permet de calculer la hausse de fréquentation des trains, et d'en déduire un autre avantage induit par ces gains de temps, qui est l'augmentation de la fréquence des liaisons dans la journée. Pour un voyageur, il est aussi important de diminuer son temps d'attente en ayant par exemple à sa disposition un train toutes les 2 heures au lieu de deux trains par jour, que de réduire le temps passé dans le train. Cet avantage-là n'a pas été repris dans la plaquette. Le dossier public contient toutes ces données. À la mise en service du programme complet, le plan de transport comprendrait sept allers-retours quotidiens directs entre Paris et Milan, ce qui permet d'introduire une politique d'arrêts diversifiée, avec un, deux ou trois arrêts intermédiaires suivant les horaires. Le temps de parcours calculé avec précision et figurant dans le dossier, est de 4 h 14 avec deux arrêts, soit 4 h 02 sans arrêts intermédiaires, comme cela est précisé dans les petits caractères mentionnés sur la plaquette de LTF.

Je reconnais volontiers que le regard critique de M. Ibanez, qui a bien étudié la question, apporte une précision utile à une bonne compréhension du dossier. Il a raison de faire la distinction entre une hypothèse d'offre ferroviaire globale et l'apport individuel de chaque élément d'infrastructure.

Par contre, son témoignage et surtout la façon dont la journaliste de France 3 l'utilise, laisse penser qu'un gain de temps erroné pourrait avoir été utilisé pour justifier l'intérêt du programme d'ensemble dont fait partie l'infrastructure. Évidemment, il n'en est rien. Les groupes de travail de la commission intergouvernementale ou ceux des ministères et les chargés de projet de la commission européenne, ont étudié en détail les études complètes, et ne se sont pas contentés de regarder un schéma simplifié, dans une présentation favorable.

Pour la majorité des spectateurs de l'émission, je reconnais cependant que cette distinction entre le « programme » et le « projet » est bien troublante, et même suspecte. Pourquoi donc a-t-on inventé cette notion de programme ? Ne serait-ce pas justement pour faire miroiter des avantages bien supérieurs à ceux du projet lui-même ? Décidément, le sujet est complexe, il faudra bien que je poursuive l'écriture de tout mon livre pour permettre d'y voir un peu plus clair !

Le principal intérêt que je trouve dans le fait d'évaluer de façon théorique cette situation de programme la plus complète possible est que l'on dispose alors de tous les éléments de décision : les coûts de construction de tous les projets, d'achat du maximum de matériels roulants, les impacts maximum des circulations des trains (notamment en matière de bruit), etc. Tout cela est pris en compte dans les calculs économiques et les évaluations environnementales. Cette présentation des effets de l'ensemble du programme répond à une critique qui était souvent faite de « saucissonner » les projets pour les faire passer plus facilement dans l'opinion. Avec un peu d'attention, il est possible de reconstituer des situations moins complètes, comprenant seulement une partie des projets, afin d'évaluer l'intérêt de chaque partie du programme, sans oublier les inter-actions entre les différentes parties. Mais cela n'est pas à la portée du public.

Sur la forme, j'estime quand même que TELT a commis une erreur en mettant en avant ce résultat-là dans sa plaquette destinée au grand public. Je regrette parfois l'influence excessive de cabinets de communication habitués à faire du marketing. À force de chercher la « présentation favorable », ils tombent dans les mêmes travers que les opposants en mélangeant des données relatives au programme complet et des données relatives au seul tunnel. Le promoteur du projet explique dans cette plaquette que le coût du tunnel n'est que de 8,5 milliards d'euros, et il affiche à côté le gain de temps de 3 heures lié à la totalité des projets prévus à plus long terme. Les opposants font exactement l'inverse : ils agitent l'épouvantail de 26 milliards de coûts, et expliquent que le tunnel seul aura des avantages limités. Le promoteur n'est pas plus crédible qu'eux.

Nous devrions tous faire un effort de cohérence et ne communiquer que sur un objet précis. Si nous parlons du tunnel, ne parlons que des avantages qu'il apportera lui seul à son ouverture, sans compter les apports des autres parties du programme ni des autres projets prévus simultanément. Parlons seulement de 43 mn de gain de temps pour les voyageurs. C'est déjà considérable pour préférer le train, alors que la voiture sur autoroute est aujourd'hui à égalité en temps de parcours entre Lyon et Turin, autour de 3 h 50 mn, avec des TGV directs qui utilisent la ligne existante à vitesse réduite.

Le second argument abordé dans l'émission est celui de l'environnement, avec la possibilité offerte par le projet de reporter les trafics des marchandises de la route vers le rail. Argument essentiel pour la construction du nouveau tunnel, puisque sa raison d'être concerne surtout le transport des marchandises. Mais la parole de l'opposant, M. Daniel Ibanez, affirmant que ce report est déjà possible avec le tunnel actuel qui est loin d'être saturé, clôt prématurément le sujet, sans qu'il y ait eu de débat. L'argument est effectivement « rapidement balayé », comme je l'avais lu dans Télérama.

Pourtant, je savais bien que le tunnel de base permet d'économiser 20 km en distance et 700 m en dénivelé par rapport à la ligne existante, pour relier Saint-Jean-de-Maurienne à Suse. Les montagnards savent bien que c'est le dénivelé qui compte le plus quand on est lourdement chargé. C'est encore plus vrai pour le mode ferroviaire, qui transporte beaucoup de poids mort. La performance énergétique du train est excellente sur terrain plat, grâce aux faibles frottements du contact acier sur acier. Mais quand il s'agit de lutter contre la pesanteur, le mode le plus lourd est handicapé. Alors que les voies ferrées de plaine sont accessibles à des trains d'une masse totale de plus de 4 000 tonnes, le passage des Alpes est limité à 600 tonnes pour un train disposant d'une seule locomotive, 1 150 tonnes avec deux locomotives, et 1 600 tonnes avec trois locomotives. Dans ce dernier cas, l'une au moins des trois locomotives doit se placer à l'arrière du train, « en pousse », pour éviter une rupture des attelages entre les wagons.

En gommant les pentes importantes du franchissement actuel, le tunnel de base permet de faire circuler des trains plus lourdement chargés, et donc plus rentables face à la concurrence de la route. C'est de là que vient l'intérêt des tunnels de base ferroviaires, en Suisse, en Autriche ou en France. Mais, demandent les opposants, que représente ce gain potentiel, pour quelques trains par jour, par rapport au coût du tunnel qui se mesure en milliards ? Le calcul économique, selon lequel le projet serait rentable, est complexe et n'est pas toujours crédible. Il est d'autant plus discutable que l'on voit toujours circuler des trains de marchandises sur l'itinéraire actuel et qu'il semble possible d'en faire circuler bien davantage.

Les téléspectateurs sont portés à croire à l'inutilité du projet affirmée par M. Ibanez et, ce qui est plus grave encore, à mettre en cause les structures et les responsables qui ont contribué à la décision de le construire. Voilà encore un encouragement à poursuivre l'écriture de ce livre.

Les « pièces à conviction » mises en exergue par les journalistes de France 3 pour faire le procès du tunnel de base ne me paraissent vraiment pas solides, mais il n'y a pas eu réellement de procès et l'émission a accordé bien peu de temps de parole à la défense. Cette émission m'a surtout alerté sur les progrès de compréhension mutuelle que nous devrions tous faire pour éviter de partir dans des combats stériles. Les médias ont souvent tendance à s'intéresser à ce qui divise les intervenants, et bien évidemment, cela renforce ces divisions.

Pour ma part, je retiendrais plus volontiers, lorsqu'il y a débat, ce que nous avons en commun malgré nos différences : je remarque notamment que le problème du fret routier ou ferroviaire est bien présent dans cette émission, et que les opposants sont les premiers à dire qu'il faut agir pour faire changer les choses. Nous voilà face à un objectif commun, c'est maintenant que le problème émerge et réclame une solution. Partons donc de ce point d'accord.

Pour commencer, je voudrais m'assurer que chacun parle bien du même problème, car en fouillant dans la « poubelle » de Kingdon, je trouve au moins deux grandes catégories de problèmes qui pourraient entrer dans la ligne de mire du Lyon-Turin : ceux qui touchent à l'économie des transports et ceux relatifs à la protection de l'environnement.

Après l'analyse des problèmes, nous fouillerons dans la grande famille des solutions, qu'elles viennent des organismes officiels ou des associations, ou encore de chercheurs individuels, sans exclusion : ne sont-elles pas toutes dans la même poubelle, en attente de la bonne conjoncture ?

Enfin, il me paraît essentiel de dire un mot des circuits de décision, et particulièrement du rôle des élus, parce qu'ils sont souvent critiqués, mais heureusement qu'ils sont là ! Ils construisent et font évoluer le cadre de notre démocratie, et même si je ne suis pas toujours d'accord avec ces évolutions, il est essentiel de conserver et d'accepter un cadre commun pour cohabiter en paix sur cette planète. J'ai lu récemment que nos problèmes sociétaux ne viennent pas de la structure de notre démocratie, mais plutôt de la façon dont nous l'utilisons. Je partage cette analyse. Faire croire individuellement à chaque citoyen que le peuple, c'est lui, que l'on va lui donner le pouvoir et lui permettre de décider en fonction de ses seuls intérêts, est une très mauvaise façon d'utiliser la démocratie. C'est malheureusement la tendance populiste, qui progresse dans de nombreux pays, et contre laquelle tous les élus devraient se battre. Une organisation structurée est nécessaire pour traduire en actes les attentes du plus grand nombre, mais sans ignorer les minorités, et sans exclure personne. Lorsque je vote pour un candidat, je sais qu'il ne va pas répondre à chacune de mes aspirations individuelles, mais je lui accorde ma confiance pour chercher des compromis au profit de tous.

Liaison ferroviaire Lyon-Turin

Carte du programme complet
et des contournements de Lyon et de Turin

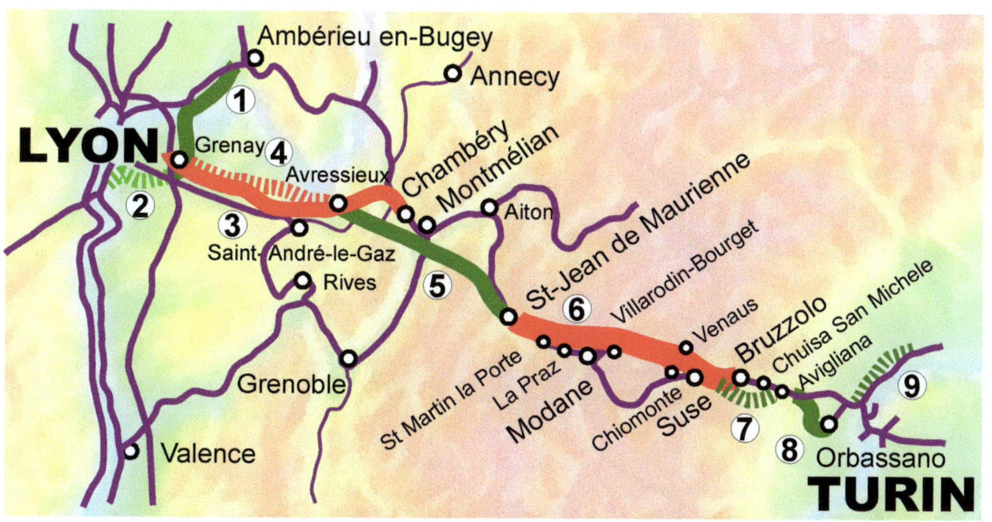

Montants approximatifs en milliards € (en valeur 2011 ou 2012)

1. CFAL Nord (contournement ferroviaire de l'agglomération lyonnaise)   1,5 Md€
2. CFAL Sud   1,5 Md€
3. Ligne mixte voyageurs et fret Lyon-Chambéry (phase 1 des accès)   4,5 Md€
4. Ligne à grande vitesse Grenay-Avressieux (phase 4 des accès)   1,2 Md€
5. Tunnels de Chartreuse, Belledonne et Glandon (phases 2 et 3)   5,3 Md€
   (la phase 2 consiste à réaliser un seul tube de ces 3 tunnels, pour 3,2 Md€)
6. Tunnel de base et raccordements (y c. mesures territoriales)   10,1 Md€
7. Tunnel de l'Orsiera   2,0 Md€
8. Tunnel de Sant'Antonio et tranchée couverte   1,5 Md€
9. Gronda de Turin   1,3 Md€

Illustration 2: Carte d'ensemble du programme Lyon-Turin.

LE COURANT DES PROBLÈMES

LES DIFFICULTÉS COMMERCIALES
DU FRET FERROVIAIRE

À mon arrivée à Lyon, en 1994, la SNCF avait une direction régionale à Chambéry, distincte de celle de Lyon. L'axe France-Italie était une artère majeure de son trafic ferroviaire de marchandises, mais quelques inquiétudes étaient déjà perceptibles. J'ai été sensible aux arguments des cheminots, qui m'expliquaient leurs difficultés pour exploiter une ligne de montagne, avec ses fortes pentes et les aléas liés à la neige, aux débordements des torrents, aux avalanches ou chutes de rochers. Dans ces années-là, le rail transportait de l'ordre de 7 millions de tonnes de marchandises par an, avec un maximum, atteint en 1997, de 10 millions de tonnes, ce qui représentait environ 100 trains de fret en moyenne chaque jour, en cumulant les deux sens de circulation, France-Italie et Italie-France. En comparaison, on comptait une trentaine de trains de voyageurs journaliers sur cette ligne. Pourtant, pour les cheminots, c'était évident : un camion empruntant la RN6 jusqu'à

Modane, puis le tunnel du Fréjus, passait plus facilement l'obstacle du massif alpin qu'un train de fret circulant sur cette ligne de montagne. L'ouverture de l'autoroute de la Maurienne jusqu'à l'entrée du tunnel du Fréjus, en 2000, n'a fait que renforcer ce constat.

Plus généralement, j'ai approfondi le grand problème que j'ai trouvé dans les dossiers relatifs aux transports : celui du déséquilibre financier de la SNCF, notre opérateur ferroviaire national, dont les déficits atteignaient des centaines de millions d'euros par an (plus d'un milliard de francs à l'époque). Le fret était le principal responsable des pertes commerciales de l'entreprise, d'après ses comptes officiels. C'est grâce aux bénéfices des TGV que l'activité fret pouvait survivre. Malgré tout, il restait un déficit, qui était en partie comblé par l'État. La SNCF devait tendre vers l'équilibre et, pour cela, était conduite à abandonner des trafics sur les lignes les plus déficitaires, parmi lesquelles se trouvait justement celle qui traverse les Alpes entre la France et l'Italie. Les clients chargeurs, importateurs ou exportateurs de marchandises, délaissaient petit à petit le fret ferroviaire au profit de la route, dont les prix baissaient constamment. La seule solution permettant à la SNCF de conserver ses clients était de s'aligner sur les prix de la route, et de baisser ses prix de transport, qui ne correspondaient plus alors aux dépenses nécessaires pour faire circuler les trains sur cette ligne.

Mais à l'époque, au début des années 1990, je pense que ce n'était pas encore devenu un vrai problème, un problème politique, au sens où la collectivité doive se préoccuper d'améliorer cette situation. Aujourd'hui, oui, la maîtrise des flux de poids lourds est devenue un vrai sujet, et pas seulement dans les Alpes, nous y reviendrons. Mais à ce moment-là, c'était un simple problème commercial, que le marché allait résoudre par le jeu de la concurrence : que le meilleur mode de transport gagne ! En France, peu d'élus ou d'associations avaient décidé de se battre pour sauvegarder le fret SNCF transalpin, en dehors des cheminots et de leurs syndicats.

En matière d'avenir du rail en France, un autre sujet était assuré de trouver un écho favorable auprès des élus, c'était le développement du réseau à grande vitesse. Chaque maire, chaque député rêvait de voir le TGV, ce magnifique train made in France, desservir sa propre circonscription. De plus, les TGV étaient la branche la plus rentable pour leur exploitant unique, la SNCF. L'idée est donc vite venue aux responsables de la SNCF, que la question du franchissement alpin pouvait avantageusement être présentée sous l'angle du raccordement entre deux réseaux de lignes à grande vitesse, le réseau français et le réseau italien. La SNCF avait trouvé par ce biais un soutien politique, au niveau régional et local.

C'est sous cette forme que le projet est apparu, avec l'inscription du « TGV Lyon-Turin » dans le schéma des lignes à grande vitesse de 1991, approuvé le 1er avril 1992. De fait, nous ne parlions pas à l'époque en France de schéma directeur pour le fret, alors que l'Europe commençait sérieusement à s'y intéresser. Nous pensions simplement que le fret circulerait d'autant plus facilement sur le réseau existant que les trains de voyageurs pourraient se reporter sur le nouveau réseau à grande vitesse.

Avec de tels raisonnements, les problèmes commerciaux du fret ferroviaire n'intéressaient finalement pas grand monde.

LA CONVENTION ALPINE (1991)

En arrivant à Lyon, j'ai été confronté à une autre série de problèmes, ceux relatifs à la protection de l'environnement, notamment dans la zone alpine. Je pense en particulier au phénomène des « pluies acides ».

Dans les années 1970-1980, des pans entiers de la forêt alpine ont commencé à roussir et à disparaître. Les analyses ont montré que ces effets provenaient des pluies acidifiées par le dioxyde de soufre ou par les oxydes d'azote présents dans l'atmosphère. Ces polluants, rejetés par les usines ou par les moteurs diesel, touchaient de nombreuses régions industrielles, mais leurs effets néfastes sont d'abord apparus au grand jour dans les Alpes. Elles sont plus vulnérables que d'autres territoires par la spécificité de leurs écosystèmes. Elles apparaissent aussi plus importantes à protéger pour l'opinion publique, parce qu'elles représentent, pour beaucoup de nos contemporains, la nature dans toute sa beauté et sa majesté.

La part de responsabilité des transports dans ce désastre écologique était facile à comprendre, dans un contexte de forte croissance des trafics, en particulier celui des poids lourds empruntant les tunnels du Mont-Blanc à partir de 1965, et du Fréjus à partir de 1980. Tous les pays alpins prenaient conscience que le mode routier devait être régulé, pour laisser la place au ferroviaire, plus propre, plus sûr et plus adapté aux vallées alpines. Il ne s'agissait pas seulement de sauver les arbres, mais bien de protéger la santé des habitants.

Poussés par des associations internationales de protection de la nature, les ministres de l'environnement se sont réunis dans une « conférence alpine » pour définir un plan d'action commun, dans tous les domaines ayant une incidence sur l'environnement. C'est ce qui a conduit en 1991 à la rédaction de la « convention alpine ».

Dans l'histoire du Lyon-Turin, c'est probablement le premier texte officiel qui ait regroupé dans une belle conjoncture astrale, un problème général, des pistes de solutions et de nombreux signataires. La « convention sur la protection des Alpes » a été signée à Salzbourg le 7 novembre 1991. Elle est devenue, quatre ans plus tard, un traité international, c'est-à-dire qu'elle prime sur les lois nationales, depuis le vote en France de la loi de ratification du 6 décembre 1995. Pour parvenir à un texte commun, accepté par l'Union européenne et huit pays alpins, il fallait à la fois que le problème soit d'importance majeure, et que les pistes de solutions soient consensuelles.

Le texte retenu pour le chapitre relatif aux transports fut le suivant :
« … les Parties contractantes prennent des mesures appropriées, notamment dans les domaines suivants : … Transports : en vue de réduire les nuisances et les risques dans le secteur du transport interalpin et transalpin, de telle sorte qu'ils soient supportables pour les hommes, la faune et la flore ainsi que pour leur cadre de vie et leurs habitats, notamment par un transfert sur la voie ferrée d'une partie croissante du trafic, en particulier du trafic de marchandises, notamment par la création des infrastructures appropriées et de mesures incitatives

conformes au marché, sans discrimination pour des raisons de nationalité. »

Les termes « par la création des infrastructures appropriées et de mesures incitatives » sont assez généraux pour englober différents projets. La Suisse était en pointe sur les projets de nouveaux tunnels alpins, avec une bonne longueur d'avance sur ses voisins. Le Conseil fédéral helvétique avait lancé les études d'un tunnel de base sous le massif du Gothard dès 1971. Après une période de mise en sommeil du projet, les Suisses avaient examiné plusieurs variantes de tracé. Ils décidèrent en 1989, de retenir la construction de trois tunnels, à la demande des cantons qui souhaitaient tous bénéficier des effets positifs de ces projets : le Gothard et le Lötschberg sur les grands axes Nord-Sud et celui du Hirtzel, vers la partie Est du pays. Ils étaient également en négociation avec l'Union européenne sur les questions de circulation des poids lourds. Les autres États alpins, qui n'étaient pas encore engagés sur la voie tracée par les Suisses au moment de la rédaction de la convention alpine, acceptèrent néanmoins de signer ce texte, exprimant une convergence de vue sur l'intérêt de développer le rail, et une volonté commune d'en prendre les moyens.

Il est intéressant de constater que c'est cette année-là que les études du Lyon-Turin ont été lancées officiellement, à l'occasion du sommet franco-italien de Viterbe, en octobre 1991. Il se trouve donc que la convention alpine et le schéma national des lignes à grande vitesse sont en toile de fond de cette décision, bien que ces deux documents traitent de sujets différents et n'aient pas la même portée politique. Le premier concerne surtout les marchandises et la circulation excessive des poids lourds dans les Alpes, et le second les voyageurs qui veulent gagner du temps.

Peut-être faut-il considérer que les objectifs de protection des Alpes et les ambitions de développement de la grande vitesse se sont complétés, comme la lune et le soleil qui agissent ensemble sur les marées, pour attirer une décision formelle de lancement des études de la nouvelle liaison ferroviaire. Je pourrais d'ailleurs pousser un peu plus loin la comparaison : comme le soleil, c'était le TGV qui brillait le plus fort, mais c'est probablement la protection des Alpes et l'exemple des Suisses dans leur volonté de favoriser le rail, qui a eu le plus de poids, comme la lune dont l'influence est bien plus forte que celle du soleil sur les marées.

LA LUTTE CONTRE LE BRUIT ET LE RISQUE D'ACCIDENTS MAJEURS

Parmi les problèmes d'environnement, en relation avec le domaine des transports, j'ai vu également apparaître celui des nuisances provoquées par la circulation des trains. Particulièrement les trains de marchandises, parce qu'ils font beaucoup de bruit et cela fait peur. Ils circulent souvent la nuit, et transportent parfois des matières dangereuses, sans que cela ne soit clairement visible à distance, si bien que tout train devient menaçant.

La voie ferrée qui mène en Italie traverse Aix-les-Bains en plein centre-ville. Un train transportant des matières chimiques dangereuses y a déraillé le 16 mars 1992, heureusement à faible vitesse et sans conséquences graves, en dehors de l'évacuation des riverains le temps de transborder les produits dangereux. Les accidents ferroviaires sont rares, mais ils peuvent être très graves et restent longtemps dans les mémoires. La grande quantité des matières transportées par un seul train augmente les risques en cas d'explosion ou de pollution accidentelle.

Cette voie ferrée longe le lac du Bourget, le plus grand lac glaciaire français, profond de 145 m. Les conséquences d'un déversement accidentel de produits toxiques dans l'eau du lac seraient catastrophiques. Pour répondre à cette menace permanente, les riverains des voies ferrées existantes préféreraient que le fret passe ailleurs, sur une voie nouvelle à l'écart des habitants, ou pourquoi pas en Suisse, puisque les Suisses semblent mieux les accepter, bien que leurs voies ferrées traversent également des villes et longent des lacs.

Les études sur l'accidentologie du mode ferroviaire démontrent clairement qu'en matière de sécurité, le rail devance largement les autres modes, en particulier la route. À l'occasion des renouvellements périodiques des voies et ballasts, il est possible d'équiper les plateformes d'une membrane étanche et de caniveaux pour retenir la pollution. Par contre, en matière de bruit, les experts ont fait le constat que le rail est plus bruyant. À tonnage transporté égal, il émet généralement un niveau de bruit plus élevé que celui produit par le transport routier, calculé selon les équivalences établies à partir de l'observation des effets du bruit sur la santé humaine.

Le fret ferroviaire n'a donc pas que des avantages. Pour bien faire, il ne faudrait ni le voir, ni l'entendre. Or il utilise de façon quasi-générale le même réseau que les voyageurs, construit pour desservir les villes et passant donc dans les zones les plus peuplées. Comment peut-on développer le fret ferroviaire s'il est perçu comme une nuisance insupportable par les populations riveraines des voies ferrées ?

Dans la région, les associations les plus virulentes contre le fret ferroviaire sont celles de la vallée du Rhône, et surtout celles de la rive droite du Rhône, qui n'est utilisée que pour le fret. Les riverains supportent d'autant moins la présence de trains le long du fleuve, traversant tous les villages, que cette voie ferrée ne leur sert à rien pour leurs déplacements quotidiens. Les associations demandent que le projet de contournement de Lyon par l'Est se prolonge au sud de Vienne, en direction de Valence, pour éloigner de la vallée du Rhône les circulations de fret. Mais les populations des territoires qui recevraient ce nouvel itinéraire sont tout aussi virulentes pour refuser le fret chez elles. Pour les unes comme pour les autres, le problème du fret n'est ni son déficit chronique, ni sa faible part de marché par rapport à la route, ce sont ses nuisances, qu'il faut réduire.

Pour faciliter la création de voies nouvelles, la réglementation impose de ne pas dépasser un niveau de bruit maximum fixé par une circulaire, ce qui rend nécessaire la construction d'écrans anti-bruits ou la pose de protections phoniques sur les bâtiments. En comparaison, le long des voies existantes, les travaux de protection ne sont obligatoires que si le niveau de bruit est nettement supérieur à ce seuil, selon la classification de « point noir bruit ». Il est parfois difficile de définir des priorités claires pour lutter contre le bruit, tant les situations sont différentes.

Comment font les Suisses pour résoudre cette question ? Les trains de fret utilisent, comme chez nous, les mêmes voies que les voyageurs. Un important programme de lutte contre le bruit est mis en œuvre par la confédération. Des murs anti-bruit sont construits sur une grande partie du réseau. Il s'agit généralement de murs de faible hauteur, qui ne masquent pas le paysage vu du train, mais qui atténuent le bruit émis au niveau des roues. Un budget important est également consacré à l'amélioration des matériels roulants, wagons et locomotives. La recherche a montré que le bruit de roulement des wagons sur les rails est amplifié par une micro-rugosité des roues provoquée par l'usure des patins de frein en fonte, qui frottent sur la surface de roulement des roues. Pour y remédier, il suffit de changer les semelles de frein en fonte par des semelles en matériaux composites, qui auront tendance à lisser la roue plutôt qu'à la rendre rugueuse. La différence est importante, la baisse du niveau sonore obtenue a été chiffrée à plus de 5 décibels, ce qui revient à diviser par trois la puissance acoustique. La dépense est prise en charge par la confédération helvétique, et la réglementation suisse fixe maintenant des normes phoniques à respecter pour l'ensemble des circulations ferroviaires. Les Suisses s'assurent également que la surface du rail soit régulièrement entretenue.

L'Europe avance doucement sur ce sujet. Je comprends bien qu'il s'agit là d'une négociation difficile entre les différents pays, dans un contexte de fragilité des opérateurs ferroviaires, mais cela me semble une solution à poursuivre. Elle est plus réaliste que d'imaginer des voies spéciales pour le fret évitant au maximum les zones urbanisées, ou bien des voies calfeutrées contre le bruit en les recouvrant totalement d'une carapace, comme l'a proposé un ingénieur en Savoie.

LE COURANT DES SOLUTIONS

UNE NOUVELLE INFRASTRUCTURE
ENTRE LYON ET TURIN

Souvenons-nous de ce que Kingdon nous a enseigné : les solutions n'ont pas besoin de problèmes pour commencer à exister. Effectivement, sa « poubelle » renferme de nombreuses idées, qui se présentent comme des solutions potentielles, en attente de problèmes qui deviendraient prioritaires sur le plan politique.

Les ingénieurs ferroviaires réfléchissaient à une nouvelle liaison transalpine avant que les États ne s'emparent du dossier. Diverses hypothèses de tracés de lignes nouvelles reliant la France et l'Italie ont été imaginées par la SNCF et son homologue italien, les Ferrovie dello Stato (FS). Leurs bureaux d'études ont commencé à travailler sur une carte à grande échelle et ont cherché à placer des franchissements de la frontière par des tunnels de faible altitude situés, du Nord au Sud, au niveau du massif du Mont-Cenis, du Mont Thabor, du col du Lautaret, du Mont Chaberton, du col du Montgenèvre, et jusqu'au massif du Queyras.

Le tracé de la ligne pouvait aussi bien passer à proximité de Chambéry que de Grenoble en fonction du point de franchissement de la frontière. Cela permettait de faire un premier tri, en éliminant les solutions les plus coûteuses. Le critère principal à ce niveau d'examen est la longueur cumulée des tunnels, parce que le coût au kilomètre de construction d'une ligne ferroviaire est environ dix fois plus élevé en tunnel qu'à l'air libre. Il se trouve que la géographie des Alpes présente des vallées qui se rapprochent le plus, entre les versants français et italiens, au niveau de la Maurienne et du Val de Suse, confirmant une constatation ancienne, puisque c'est probablement par là que sont passés les éléphants d'Hannibal en 218 avant JC pour marcher vers Rome. Il est très vite apparu que ce secteur devait être privilégié. Le profil en long de la vallée de la Maurienne connaît une inflexion très nette à Saint-Jean-de-Maurienne. La pente de la voie ferrée ne dépasse pas 1,2 %, sauf exception très localisée, jusqu'à l'entrée de cette ville en venant de Montmélian, alors qu'elle atteint 3 % après, jusqu'à la frontière. Du côté italien, la section de montagne commence à proximité de Suse, alors qu'entre Turin et Suse, la pente reste inférieure à 1,1 %. En ligne droite, il y a 54 km de Saint-Jean-de-Maurienne à Suse, en passant sous le Mont d'Ambin, dans le massif du Mont-Cenis. C'est là que, dès 1988, un tunnel « de base » a été préconisé pour donner à tout l'itinéraire un profil de plaine, caractéristique essentielle d'une liaison nouvelle, comme le souhaitaient les ingénieurs de la SNCF soucieux de l'avenir du fret.

Le schéma directeur des liaisons ferroviaires à grande vitesse de 1991 a retenu cette nouvelle liaison entre la France et l'Italie, avec les données suivantes :

« Liaison transalpine (Lyon-Turin), reliant l'Italie à la France et permettant des liaisons rapides avec la Grande-Bretagne (via le tunnel sous la Manche) et la Belgique, au nord, avec l'Espagne et le Portugal, au sud.

Grâce à son nouveau tunnel de base d'environ 54 km sous le Mont-Cenis, cette liaison permet non seulement d'assurer la connexion des réseaux à grande vitesse français et italien, mais également de créer un nouvel itinéraire performant pour le trafic de marchandises. La liaison Chambéry-Genève s'y rattache afin de permettre notamment des liaisons améliorées pour la Savoie et la Haute-Savoie tant avec l'Italie et la Suisse que vers la côte méditerranéenne. Les connexions internationales nécessiteront des accords avec les pays limitrophes.

Sous les hypothèses des études du présent schéma, ce projet comporte environ 188 km de lignes nouvelles auxquelles s'ajoutent 73 km pour Chambéry-Genève. Prévisions de trafic : avant : 11,4 / après : 19,1 millions de voyageurs par an. Taux de rentabilité interne pour la SNCF : 6 %. Taux de rentabilité économique et sociale : 10 % »

Ce texte résume bien la situation du projet. Le premier objectif affiché est de relier les réseaux à grande vitesse et le second, d'offrir une nouvelle performance au fret. Seuls les trafics de voyageurs sont pris en compte pour annoncer une première estimation du taux de rentabilité. Pourtant, le ministre de l'équipement avait mis en place, en 1991, un groupe de travail, sous la présidence de l'ingénieur général Maurice

Legrand, pour évaluer les perspectives de trafic sur les traversées alpines entre la France et l'Italie, en incluant bien les marchandises. Mais le schéma directeur de la grande vitesse mettait clairement l'accent sur les voyageurs.

En décembre 1991, la SNCF engageait les études préliminaires de la section Lyon-Montmélian, qui apparaissait comme le maillon le plus rentable d'une nouvelle liaison à grande vitesse, celui qui devrait donc être réalisé en priorité. Selon ses premiers calculs, cette section offrirait à la SNCF un taux de rentabilité interne de l'ordre de 8 %, très proche du seuil de 9 % lui permettant théoriquement de financer les travaux sans aide publique. La charge de l'investissement était supposée pouvoir être équilibrée par les recettes commerciales. Cette vision optimiste plaçait ce tronçon du Lyon-Turin en meilleure position que d'autres projets, comme le TGV Est ou le TGV Rhin-Rhône, qui ont finalement été réalisés plus rapidement.

Mais le Lyon-Turin était un projet bien plus complexe qu'un TGV classique, généralement construit entre Paris et une grande métropole régionale. Non seulement il franchissait une frontière, mais il mélangeait une ambition pour les voyageurs et un objectif pour le fret, sans préciser clairement l'articulation entre ces deux dimensions.

On a cru, à l'époque, que le TGV allait entraîner le fret, et cela n'a pas marché. Le TGV était soutenu par les élus, et il semblait rentable pour la SNCF, qui pensait que son succès commercial lui donnait la possibilité de le développer. Mais ce succès a rapidement trouvé ses limites. Le « rapport Rouvillois » remis en décembre 1996, a revu à la baisse les taux de rentabilité de tous les projets, et a tiré la sonnette d'alarme sur la situation financière de la SNCF.

De plus, la dynamique du développement d'un réseau à grande vitesse ne répondait pas aux évolutions dont avait besoin le fret. Dans une stratégie de grande vitesse, le rôle de l'infrastructure nouvelle est de pouvoir rouler nettement plus vite que sur le réseau classique, ce qui permet de gagner du temps. Chaque tronçon réalisé apporte quelques minutes, et le gain de temps s'additionne au fur et à mesure de la mise en service des tronçons successifs. Cela amorce la montée en charge des trafics. Nous allions commencer par la section Lyon-Montmélian, qui intéresse le plus de voyageurs, nous terminerions par la section internationale, plus coûteuse et moins fréquentée.

Pour le fret, la dynamique est différente. Les clients n'attendent pas en premier lieu d'augmenter la vitesse du transport au-delà de ce que permet le réseau classique. L'objectif principal est d'améliorer la fiabilité du transport, qui est insuffisante sur une ligne de montagne, et d'en réduire le coût. C'était essentiellement le tunnel de base qui allait améliorer la situation en évitant de grimper en altitude par une ligne limitée en tonnage et coûteuse en exploitation. En suivant la logique d'une ligne TGV, il fallait attendre la fin du projet pour que le fret en tire ses premiers bénéfices, avec le risque de voir le trafic des marchandises péricliter faute d'une amélioration des conditions de son passage par cet itinéraire. Nous devons bien le reconnaître aujourd'hui : le TGV Lyon-Turin n'était pas une solution pertinente pour répondre au problème du fret ferroviaire.

L'AUTOROUTE FERROVIAIRE À GRAND GABARIT VERSION SNCF

La SNCF avait imaginé à la même époque une autre solution pour répondre aux évolutions du transport des marchandises sur le territoire national : elle a inventé le concept et aussi le terme d'« autoroute ferroviaire ».

Une des toutes premières réunions auxquelles j'ai participé à mon arrivée à Lyon était consacrée à ce sujet. Alain Poinssot, directeur adjoint de la SNCF en charge du fret, est venu, le 23 septembre 1994, défendre l'idée que cette solution pourrait être mise en œuvre pour le franchissement des Alpes, avant même de voir le jour sur l'axe Nord-Sud entre Lille et Avignon. Il avait d'ailleurs estimé que le terme d'autoroute ferroviaire n'était pas très heureux pour parler de la traversée des Alpes. Il préférait parler de service « multi-usage et multi-modal », qui allait, selon lui, « élargir la porte des Alpes » en protégeant son environnement.

La SNCF présentait à l'époque ce concept d'autoroute ferroviaire comme une réponse à une demande des concessionnaires autoroutiers, confrontés à une explosion du trafic des poids lourds et constatant que ce développement était mal supporté par les automobilistes. Que pouvait faire le mode ferroviaire pour délester les autoroutes de ces trafics encombrants ?

Sur la base d'études de marché menées au niveau français comme au niveau européen, la SNCF faisait le constat que le mode ferroviaire classique aurait beaucoup de mal à répondre aux évolutions de la demande en matière de rapidité, de fiabilité et de souplesse, que seul le mode routier pouvait satisfaire. Le transport combiné était une première réponse, la marchandise utilisant successivement la route et le rail. Mais il impose l'usage de caisses mobiles ou de conteneurs maritimes standard, dont la capacité ne correspond pas forcément aux lots à transporter au quotidien en trafic national. L'évolution des modes de consommation amène à devoir transporter des lots de plus en plus diversifiés de produits, en fonction de la demande des consommateurs, entre un site de production et un lieu d'entreposage ou de distribution. Un poids lourd est beaucoup plus souple pour ajuster les livraisons entre plusieurs destinations, avec la palette comme unité de charge standard et universelle.

Ceci étant, sur les grands axes de transport, on retrouve une quantité importante de poids lourds parcourant les mêmes tronçons d'autoroutes. Il devient intéressant, pour une entreprise ferroviaire, de leur proposer d'effectuer une partie de leur parcours sur le train, plutôt que sur ces tronçons d'autoroute, sans modifier leur plan de route. C'était cela l'autoroute ferroviaire.

PRIVILÉGIER LE « SAUT D'OBSTACLE »

Pour tenter d'y voir plus clair sur ce nouveau concept, le gouvernement avait nommé en août 1993 une « commission d'expertise des projets d'autoroute ferroviaire » présidée par M. Claude Abraham, ingénieur au conseil général des ponts et chaussées. Elle a remis ses conclusions en deux étapes : en juin 1994 pour l'axe Lyon-Turin et en juin 1995 pour l'axe Nord-Sud. Ces rapports sont restés provisoires et n'ont pas fait l'objet d'une publication officielle. Peut-être subsistait-il trop de questions sur la façon dont ce service novateur pouvait être mis en œuvre, et le ministère hésitait à prendre une position sur le sujet.

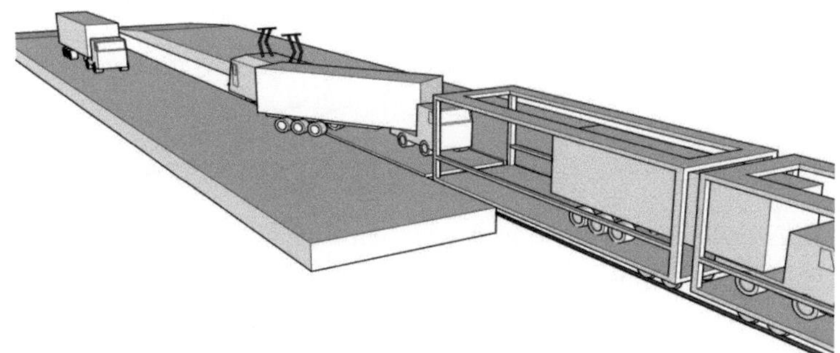

Illustration 3: L'autoroute ferroviaire à grand gabarit : la file de camions prend place sur le plateau continu formé par les wagons.

La commission Abraham définit d'abord le concept :
« Un service d'autoroute ferroviaire est un système de transport de camions avec leurs chauffeurs sur des trains spécialisés pouvant emporter une centaine de camions à une vitesse de 120 à 160 km/h. La hauteur des camions transportés et la longueur des trains rendent nécessaire l'usage de lignes au gabarit fret (caténaire à plus de 6 m au-dessus du plan des voies, au lieu de 5,20 m, entraxe des voies de 4 m minimum au lieu de 3,60 m environ sur les lignes actuelles) ; toutefois ces lignes ne sont pas spécialisées pour ce type de trafic et peuvent recevoir tout autre type de trains y compris des trains de fret plus lourds et plus longs que ceux qui circulent aujourd'hui sur le réseau ferroviaire français, ainsi que, le cas échéant, des trains de voyageurs, TGV ou non. »

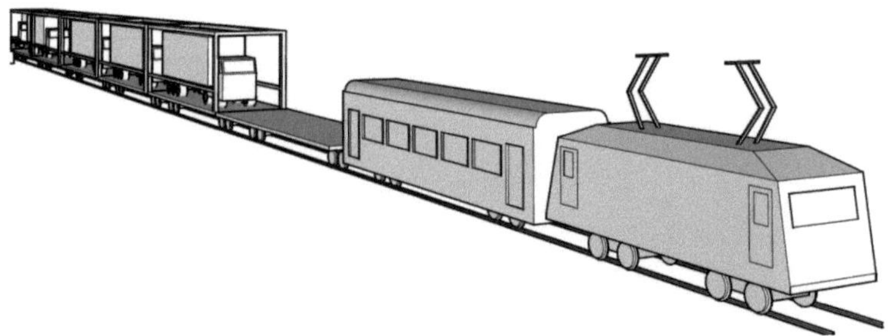

Illustration 4: Les chauffeurs voyagent avec leur camion et peuvent se reposer dans la voiture située en tête de train.

Quels problèmes cette autoroute ferroviaire était-elle alors censée pouvoir résoudre ? La commission Abraham en a cité

trois d'intérêt général, en dehors de l'espoir de redresser la branche fret de la SNCF :
- « faire face à la croissance des volumes des échanges internationaux,
- lutter contre l'extension de la pollution générée par le trafic automobile et notamment par les poids lourds, et ne pas accroître nos importations de produits pétroliers,
- décongestionner les grands axes routiers, autoroutiers ou ferroviaires ».

Ce sont bien les mêmes questions que celles évoquées à propos du Lyon-Turin dans sa dimension relative au fret. Mais j'ai l'impression qu'elles ressemblent plus à une vaste galaxie qu'à une étoile précise, pour appliquer la comparaison de Kingdon.

En conclusion, la commission a comparé les deux projets défendus par la SNCF pour mettre en œuvre ce nouveau concept : l'axe Nord-Sud, de Lille à Avignon, au moyen d'une ligne nouvelle totalement dédiée au fret, et le franchissement des Alpes, par le futur tunnel de base, dans lequel les trafics fret se mélangeraient aux trafics voyageurs. D'une manière générale, elle a estimé que la rentabilité pour l'opérateur, ou même pour la collectivité, en intégrant les bénéfices non commerciaux, serait plus intéressante en priorité sur les franchissements d'obstacles naturels, comme les Alpes ou la Manche, plutôt que sur de longs trajets. Pour les Alpes, elle précise même qu'il conviendrait d'étudier la réalisation d'une plateforme provisoire de chargement en Maurienne, « afin d'ouvrir un service de transport de camions à partir de celle-ci dès l'achèvement du futur tunnel de base franco-italien ».

Elle poursuit en disant que l'extension de ce service, consistant à charger les camions depuis Montmélian, ou même depuis Ambérieu-en-Bugey « ne serait peut-être pas déraisonnable », sous réserve que les surcoûts soient limités et pris en charge par la collectivité. Autant dire qu'elle ne voit pas vraiment l'intérêt économique d'allonger le trajet au-delà du seul tunnel de base. J'observe que sa position tranche avec l'idée générale selon laquelle le ferroviaire gagne en pertinence sur des trajets plus longs. Mais ceci s'explique si l'on regarde bien ce qui distingue une autoroute ferroviaire du transport combiné classique rail – route.

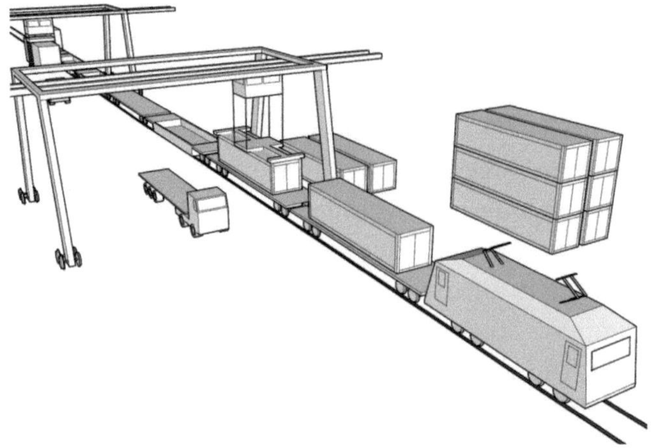

Illustration 5: Un chantier de transport combiné : un portique soulève le conteneur pour passer du camion au train ou inversement.

La pertinence économique du transport combiné classique repose sur le fait que le coût de revient à la tonne et au kilomètre parcouru est nettement plus faible sur le rail que sur la route. La rupture de charge, c'est-à-dire le passage de la route au rail et inversement, introduit un coût supplémentaire, car elle nécessite un matériel spécifique et consomme du temps. Pour compenser ce surcoût, il faut en général parcourir plus de 500 km par le train.

Mais, contrairement au transport combiné classique, l'autoroute ferroviaire n'économise pas le temps d'immobilisation du tracteur routier et de son chauffeur, qui voyagent sur la navette ferroviaire avec la remorque contenant la marchandise. Cela augmente son coût kilométrique. À l'inverse, la rupture de charge entre la route et le rail est très rapide et peu coûteuse, le chauffeur ne faisant que stationner son poids lourd sur la navette, comme il le ferait sur une aire d'autoroute.

La commission Abraham a fait le constat que le coût de revient au kilomètre de l'autoroute ferroviaire à grand gabarit ne serait compétitif par rapport à la route que dans des zones spécifiques où la route est particulièrement chère, ce qui est le cas du passage par les tunnels alpins.

J'ai retrouvé plus tard la même analyse dans le rapport d'étape des premières études sur la liaison Lyon-Turin, conduites par Alpetunnel, publié en juin 1998. Il y est mentionné que la distance maximale entre gares terminales est de 200 à 300 km environ, pour ne pas interférer avec le marché du transport combiné. Alpetunnel était le service d'études de la section internationale du Lyon-Turin mis en place par la SNCF et les Ferrovie dello Stato en décembre 1994, sous la forme d'un groupement économique d'intérêt européen (GEIE).

Bien au fait de cette expertise, la SNCF et son directeur fret Alain Poinssot ont privilégié dès 1994 le site d'Ambérieu-en-Bugey pour le chargement des poids lourds, en expliquant qu'il s'agit d'un carrefour à la fois ferroviaire et autoroutier, proche du parc industriel de la plaine de l'Ain (le PIPA) nouvellement créé. Il m'a semblé comprendre aussi que la SNCF y était très présente, avec un triage en perte de vitesse, et de nombreux cheminots soucieux de leur avenir. Le trajet entre Ambérieu-en-Bugey et Orbassano mesure 295 km, juste en dessous du maximum fixé. Il était prévu un temps de parcours de 3 h 05, avec 36 rames ferroviaires à grand gabarit de 750 m de long pour un départ toutes les 30 mn. Les navettes peuvent être constituées de 2 rames jumelées, composant ainsi des trains longs de 1,5 km et transportant 70 semi-remorques complets.

En réunion le 23 septembre 1994, après la présentation de M. Poinssot, j'ai entendu le soutien massif des élus de l'Ain et de la Savoie à ce projet Ambérieu - Turin, qui allait évidemment, pensaient-ils, recueillir une forte adhésion du public et éviter l'asphyxie des Alpes par les poids lourds. J'ai également entendu quelques inquiétudes sur le coût de l'opération : la réponse de M. Poinssot a été très précise sur les coûts d'investissement. Le tunnel de base devrait coûter entre 40 et 50 milliards de francs (soit 6 à 7,6 milliards d'euros valeur 1994, ce qui montre au passage que l'estimation actuelle est restée dans la même fourchette, en tenant compte de l'inflation). Sa mise au gabarit, afin de permettre le passage des navettes d'autoroute ferroviaire, serait possible pour 1,5 milliard de francs seulement, son diamètre étant déjà important pour d'autres raisons (de ventilation notamment). Par contre, l'aménagement des accès au tunnel et des plateformes de chargement représenterait 18 milliards de francs supplémentaires, et l'acquisition du matériel roulant encore 6 milliards de francs.

M. Poinssot n'a pas dit un mot sur les coûts d'exploitation du service ni sur les tarifs proposés aux futurs utilisateurs.

Les transporteurs routiers vont-ils naturellement se détourner sur les navettes ferroviaires, ou faudra-t-il les inciter ou même les contraindre à y monter ? Nous serions dans un contexte plus favorable que celui des navettes trans-Manche d'Eurotunnel, qui venaient d'entrer en service, en étant soumises à la concurrence des ferries. L'idée est apparue au cours de cette réunion de 1994, de réguler l'utilisation des tunnels routiers alpins, l'État maîtrisant leurs tarifs et les règles de circulation, sous la surveillance de la commission européenne. Pour attirer les transporteurs routiers vers les navettes ferroviaires, il suffirait de maintenir assez haut les tarifs des tunnels routiers, en complément par exemple d'une interdiction de passage pour les matières dangereuses.

En cette fin d'année 1994, le sujet de l'autoroute ferroviaire est revenu sur la table à plusieurs reprises. Le ministère, par la voix d'Anne-Marie Idrac, directrice des transports terrestres, s'est montré prudent sur les conclusions du rapport Abraham, disant seulement que le projet Lyon-Turin devait réserver la possibilité d'accueillir un tel service, si les études ultérieures en confirmaient la pertinence.

J'ai aussi eu connaissance de la position italienne : l'autoroute ferroviaire de la SNCF était à l'opposé de la conception du fret en Italie. Les transporteurs routiers italiens sont de très petites entreprises, peu favorables à utiliser le mode ferroviaire qui suppose une certaine organisation et impose ses propres contraintes. L'Italie se lançait alors dans un ambitieux programme de lignes à grande vitesse (le TAV, Treno Alta Velocita est une société privée, détenue à 40 % par l'État italien), destinées en principe aux voyageurs le jour et au fret la nuit. Le territoire disposait déjà d'un réseau d' « interports », où les lots de marchandises sont regroupés, et entre lesquels le fret circule dans des wagons classiques ou en conteneurs. C'est ce type de service que l'Italie voulait développer.

Vingt-cinq ans plus tard, je constate que l'autoroute ferroviaire à grand gabarit n'est pas sortie du cadre du tunnel sous la Manche. Elle y remplit bien son rôle de franchissement d'obstacle, au profit du mode routier, en reportant vers le rail une part du trafic maritime assuré par les ferries. Par analogie, pour le franchissement des Alpes, elle trouverait peut-être une petite place entre Saint-Jean-de-Maurienne et Suse. Un tel service éviterait aux camions de devoir grimper en altitude et serait envisageable dès l'ouverture du tunnel. Le report modal serait limité en distance, et offrirait en réalité une capacité supplémentaire au transport international routier.

Et puis, la SNCF a été amenée à changer son fusil d'épaule avec l'apparition d'une nouvelle solution inventée par Sébastien Lange, jeune ingénieur de Lohr Industrie, en Alsace : le wagon pivotant surbaissé pour le transport intermodal, qu'il a baptisé « Modalohr ».

L'AUTOROUTE FERROVIAIRE MODALOHR
DANS LES ALPES

Le dramatique incendie survenu dans le tunnel du Mont-Blanc le 24 mars 1999 a brutalement imposé la nécessité de trouver des solutions pour échapper à l'invasion des poids lourds dans la traversée des Alpes. Ce jour-là, un camion transportant de la farine et de la margarine a pris feu sous le tunnel. La violence de l'incendie a pris au piège une trentaine de véhicules qui le suivaient, faisant au total 39 morts. La perspective de voir se développer le trafic des poids lourds au-delà des limites actuelles est soudain devenue insoutenable. Le ministre des transports, Jean-Claude Gayssot, a lancé des recherches tous azimuts. Le 12 décembre 2000, il annonçait avoir trouvé la solution : la première route roulante transalpine française allait voir le jour très prochainement.

Le terme de « route roulante » faisait référence au service offert par les Suisses pour traverser leur territoire entre l'Allemagne et l'Italie. Mais la solution retenue par le ministre s'en distinguait par le choix de ne pas utiliser leur technique de wagons à « petites roues » dont la SNCF ne voulait pas entendre parler. Ces wagons, utilisés en Suisse, permettent de réduire la hauteur du plateau sur lequel les camions viennent se placer, grâce à des roues de 36 ou 38 cm de diamètre, au lieu des roues standard de 84 ou 92 cm. Ceci permet de gagner une cinquantaine de cm en hauteur de chargement, et c'est suffisant pour que des camions courants de 4 m de haut puissent circuler sur les lignes existantes allemandes ou suisses qui présentent un gabarit assez généreux en hauteur. Mais cela ne suffit pas sur la plupart des lignes françaises, dont le gabarit habituel, dénommé « B1 », est un peu plus bas, de 15 ou 20 cm. De plus, la SNCF déclarait que, mécaniquement, les petites roues exercent des contraintes plus élevées sur le rail, à cause d'une surface de contact plus petite. Elles s'usent et chauffent davantage au roulement, parce qu'elles tournent plus vite. Enfin, elles risquent de dérailler dans les aiguillages.

L'invention de Sébastien Lange résolvait le problème : son wagon était équipé de roues standard et possédait un plateau surbaissé pivotant, venant s'intercaler entre les bogies. En position ouverte, le plateau permettait à un poids lourd de prendre sa place latéralement, et en position fermée, il remettait le poids lourd dans l'axe des voies, à une hauteur de seulement 20 cm environ au-dessus des rails.

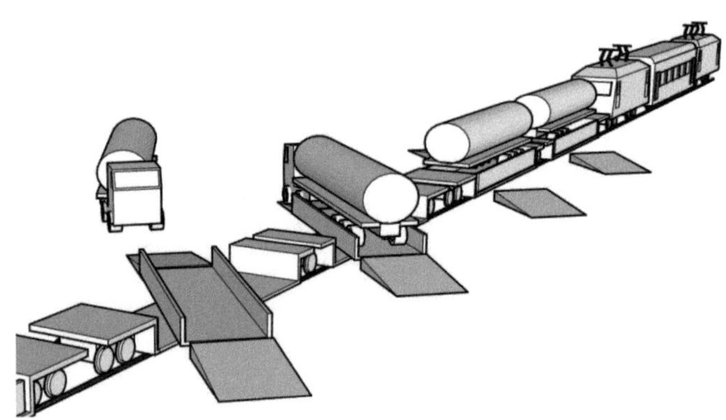

Illustration 6: L'autoroute ferroviaire Modalohr : le chauffeur du camion place sa remorque sur le wagon pivotant surbaissé.

La SNCF a été séduite par ce nouveau wagon. Elle l'a très vite adopté, avec l'intention de le tester sur le franchissement des Alpes, profitant du soutien du ministre et ancien cheminot Jean-Claude Gayssot.

En trois ans, tout s'est mis en place : la solution Modalohr avait trouvé son problème à résoudre et son soutien politique. La théorie de Kingdon est très bien confirmée par cet exemple. Il n'y avait plus qu'à fabriquer les wagons et obtenir leur homologation, pour garantir qu'ils pouvaient rouler en toute sécurité sur le réseau.

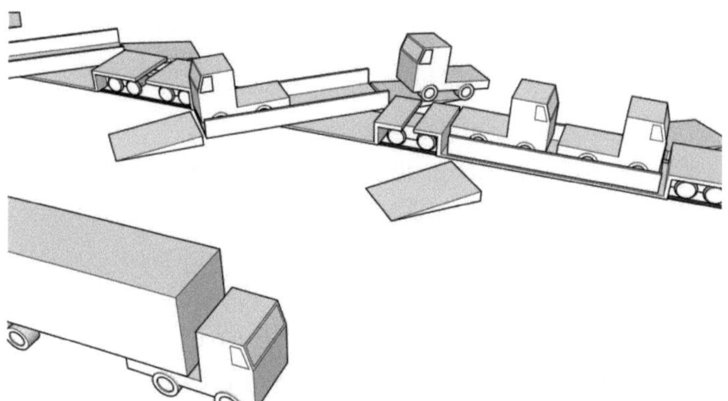

Illustration 7: S'il souhaite accompagner sa remorque, le chauffeur place son tracteur sur un autre wagon pivotant.

Il fallait aussi construire les terminaux de chargement. En Italie, le site d'Orbassano s'est imposé. Il s'agit d'un « interport » au bord de l'autoroute de contournement de Turin, comprenant un chantier de transport combiné, un faisceau de triage, et une vaste zone logistique pour l'entreposage et le groupage des marchandises.

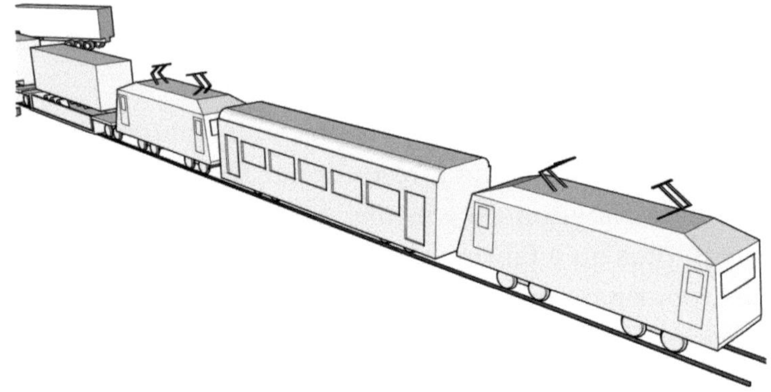

Illustration 8: Les chauffeurs qui souhaitent accompagner leur semi-remorque rejoignent la voiture située entre les deux locomotives.

Du côté français, une étude a été lancée pour comparer plusieurs hypothèses, dont le site d'Ambérieu-en-Bugey, qui avait été privilégié par la SNCF pour le grand gabarit. Cette étude a conclu que la traversée de Chambéry se heurtait à des contraintes de capacité en heure de pointe, dégradant la vitesse et la régularité du trajet. Un départ à l'entrée de la Maurienne était plus rentable, chaque navette pouvant alors effectuer deux allers-retours par jour. La zone d'activité de Bourgneuf-Aiton, portée par le département de la Savoie, était en mesure d'offrir les terrains nécessaires en bord de voie ferrée, avec un coût de location réduit : c'est là qu'a été construit notre terminal.

La volonté politique était forte, comme on peut le lire dans la déclaration officielle du sommet franco-italien de Turin du 29 janvier 2001 : « les ministres français et italiens demandent aux opérateurs ferroviaires d'engager la mise en œuvre, courant 2002, d'une première expérimentation d'un service d'autoroute ferroviaire avec un matériel roulant abaissé, sur la ligne ferroviaire existante entre l'entrée de la Maurienne et Turin. Les ministres se sont fixé pour objectif la mise en œuvre d'un service complet d'autoroute ferroviaire à l'horizon 2005 / 2006, comprenant 20 à 30 trains par jour et par sens. À cet effet, ils demandent que soient réunies les conditions permettant d'engager au plus vite les travaux de mise au gabarit B1 des tunnels de la ligne existante, prévus dans le programme de modernisation de l'itinéraire actuel … ».

Les ministres ont affiché un objectif extrêmement ambitieux et ont sagement décidé de commencer par une première expérimentation, sur une période de trois ou quatre ans, confiée de gré à gré aux opérateurs nationaux, SNCF et Trenitalia. En attendant la mise au gabarit B1 de la ligne, la hauteur des camions transportables sur le wagon Modalohr serait limitée à 3,75 m au lieu de 4 m. Le marché captable représentait à peine 6 % du trafic, en pratique les camions citernes, notamment ceux qui transportent des matières dangereuses, pour lesquelles le transport par rail présente un niveau de sécurité supérieur à la route. Un cadencement, au démarrage, de quatre allers-retours par jour, avec deux rames en exploitation, donnait le maximum de chances de pouvoir remplir les trains, et limitait aussi le risque financier pris par les États, qui allaient prendre en charge l'intégralité des déficits de l'opérateur ferroviaire.

Les wagons ont été autorisés à circuler sur le réseau ferré par décisions du 18 avril 2003 en Italie, et du 23 avril 2003 en France. Le 28 juillet 2003, l'État signait avec la SNCF la convention financière qui scellait leur engagement.

La première rame chargée de poids lourds en exploitation commerciale est partie d'Aiton le 4 novembre 2003.

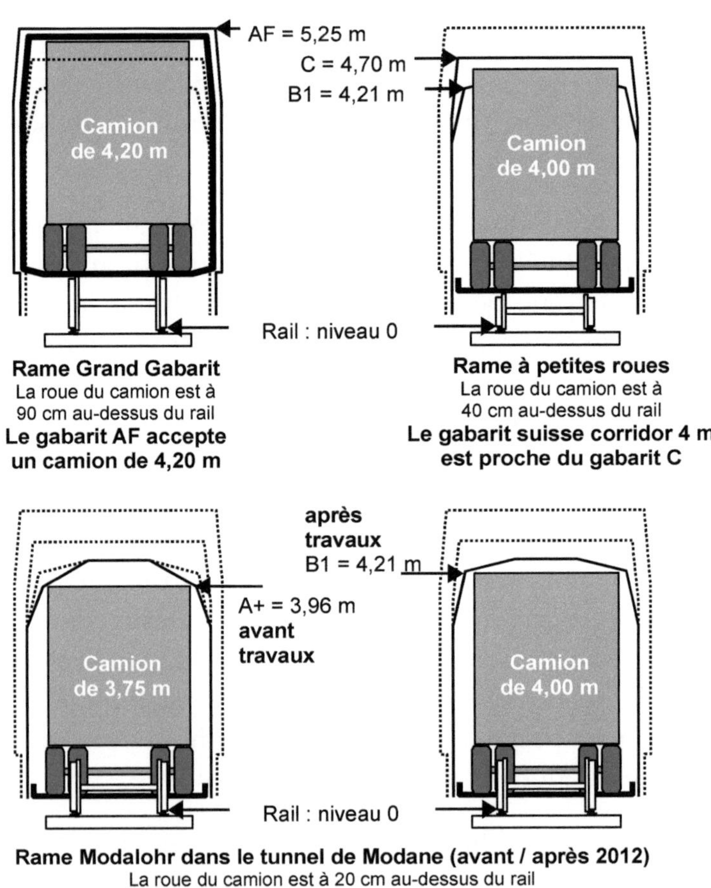

Illustration 9: Les différents gabarits des voies ferrées.

UN SUCCÈS TECHNIQUE, SANS ESPOIR D'ÉQUILIBRE ÉCONOMIQUE

Les trains de l'autoroute ferroviaire disposaient de deux locomotives, en tête du train. La masse totale tractée était donc limitée réglementairement à 1 150 tonnes sur cette ligne de montagne. La SNCF a commencé par mettre 14 wagons doubles Modalohr pour s'approcher de cette limite, soit au total 28 emplacements, chacun pouvant recevoir soit une remorque, soit deux tracteurs. Le remplissage maximum de la rame par des poids lourds complets de type semi-remorques était obtenu avec 18 poids lourds : 18 emplacements pour les remorques et 9 emplacements pour les 18 tracteurs.

Les premiers mois ont été marqués par de fréquentes pannes des locomotives : elles étaient trop fortement sollicitées, et cela posait un problème au niveau du dispositif chargé de répartir la demande de puissance de traction entre les deux locomotives. Cet incident m'a permis de comprendre que la limite réglementaire de 1 150 tonnes tractées pour un train comportant deux locomotives n'était pas dénuée de fondement. Cela a conduit la SNCF à réduire à 11 wagons doubles la composition des rames, ramenant leur capacité de transport à 14 semi-remorques complets. En réalité, certaines remorques voyagent seules, sans être accompagnées par leur tracteur ni leur chauffeur, si bien que les rames transportent plus de remorques que de tracteurs. Les 11 wagons doubles peuvent ainsi accepter, par exemple, 16 remorques et 12 tracteurs, ou bien encore 20 remorques et 4 tracteurs.

Sur les deux derniers mois de 2003, les navettes Modalohr n'ont transporté que 277 poids lourds, soit à peine 6 % de leur capacité de chargement théorique, illustrant la difficulté à attirer les transporteurs routiers sur un nouveau service qui n'avait pas encore fait ses preuves.

En 2004, le score de l'autoroute ferroviaire monta à 6 513 poids lourds ou remorques seules, et 17 379 en 2005, portant le taux de remplissage des navettes à près de 50 %, deux ans après son ouverture. Les exploitants ferroviaires ne sont pas étonnés par la lenteur de la montée en puissance d'une nouvelle offre de service, elle est normale compte tenu de la durée des contrats de transport conclus par les entreprises. L'autoroute ferroviaire alpine, l'AFA en français comme en italien, fait plutôt figure de bonne élève au vu de sa progression rapide en deux ans. Sa réussite n'était pas étrangère au fait qu'elle bénéficiait d'un soutien sans faille de la collectivité, garantissant sa pérennité, même avec des recettes commerciales faibles. Pour remplir les navettes, l'AFA a baissé ses tarifs à 182 € par passage en moyenne, bien en dessous du coût des péages autoroutiers entre Aiton et Orbassano. Les taux de remplissage sont, grâce à cela, montés à 80 % environ.

Mais quel était son avenir ? La phase expérimentale destinée à tester le dispositif devait s'achever fin 2006 : sur le plan technique, le nouveau wagon fonctionnait très bien, par tous les temps, y compris sous la neige hivernale. Mais il restait à évaluer les résultats financiers. En décembre 2005, le nouveau ministre des transports, Dominique Perben et son collègue des finances Thierry Breton commandèrent donc une expertise conjointe à l'inspection générale des finances et au conseil général des ponts et chaussées, afin de donner au gouvernement les éléments nécessaires, avant de négocier, avec l'Italie et la commission européenne, la poursuite du service.

Noël de Saint Pulgent, inspecteur général des finances et Jacques Pellegrin, ingénieur en chef des ponts et chaussées, ont été chargés de cette mission. J'ai participé à une de leurs entrevues, à la direction régionale de l'équipement à Lyon, le 1er février 2006. Ils avaient déjà acquis la conviction que l'expérimentation ne parviendrait pas à évoluer vers un service rentable économiquement, malgré quelques avantages de la technique Modalohr par rapport à celle des Suisses. Ils ont remis leur rapport en mai 2006.

Le bilan financier de l'AFA est franchement mauvais : le service a nécessité en 2005 une subvention de 12,6 millions d'euros (12,6 M€) pour 17 379 unités transportées, camions ou remorques seules, soit 725 € par unité, quatre fois plus que le prix payé par l'utilisateur (182 €). Malgré cette subvention, l'opérateur annonce une perte de 2,3 M€. Ils ont cherché comment réduire ce déficit, par exemple en améliorant le mode de calcul de l'amortissement des matériels, mais sans parvenir à moins de 10 M€ de subvention annuelle. Ils ont fait des simulations d'augmentation des distances de transport, en chargeant à Ambérieu-en-Bugey ou même à Dijon. Ils ont porté les fréquences de départ des navettes à dix allers-retours quotidiens. Dans le meilleur des cas, depuis Dijon, la subvention pourrait être réduite à 1,6 M€ en faisant l'hypothèse à la fois d'un taux de remplissage élevé (80 %) et d'un tarif cher (juste 10 % en dessous des coûts de la route), ce qui paraît difficilement conciliable.

Les experts avaient obtenu communication de la subvention versée par la Suisse pour sa « route roulante », le service « R Alpin » commercialisé par l'opérateur suisse Hupac, entre Fribourg en Brisgau et Novare, sur une longueur de 414 km. En 2005, la Suisse a versé 20,3 M€ de subventions pour un trafic de 79 248 camions, soit 256 € par camion, représentant de l'ordre de 40 % du coût de revient pour l'opérateur du service. Pourtant, les poids lourds n'ont pas le droit de circuler la nuit en Suisse et la route roulante nocturne leur permet de gagner un temps précieux. Avec un trajet plus de deux fois plus long que celui l'AFA et des volumes transportés cinq fois plus importants, le service suisse restait donc fortement subventionné. Nos experts ont ainsi eu confirmation de leurs analyses, concluant que l'AFA ne pouvait pas équilibrer ses comptes.

Les nuages commençaient à s'accumuler dans le ciel de l'AFA. La conclusion de l'expertise était sévère : les conditions pour améliorer la situation financière du service apparaissaient nombreuses et difficiles à atteindre ; si elles n'étaient pas réunies, « il faudrait avoir la lucidité et le courage d'en tirer les conséquences et de renoncer à l'autoroute ferroviaire alpine telle qu'elle fonctionne aujourd'hui ».

Mais l'AFA était née sous une bonne étoile, et ni la France ni l'Italie ne pouvaient se résoudre à mettre fin à cette belle aventure. Les gouvernements prirent la décision de prolonger le service, au moins pendant deux ans, le temps de mener à bien les travaux de mise au gabarit B1 de la voie ferrée, qui étaient en cours du côté italien, et qui devaient se poursuivre sur le versant français. Ce gabarit rehaussé permettrait déjà de porter de 6 % à 75 % le marché des poids lourds autorisés à monter sur les navettes et cela devait faciliter leur remplissage.

La France ne voulait pas revenir en arrière après avoir affirmé que le report modal était nécessaire pour libérer les vallées alpines de leurs camions. De plus, la SNCF attendait beaucoup du wagon pivotant et venait de s'associer, en mars 2006, avec la société Modalohr, en créant Lorry Rail, société luxembourgeoise chargée d'exploiter une liaison d'autoroute ferroviaire entre Bettembourg au Luxembourg et Le Boulou, près de Perpignan : un projet s'annonçant plus rentable que l'AFA, et je reviendrai sur les raisons de cette différence.

L'Italie n'avait pas les mêmes intérêts commerciaux, mais elle tenait à son nouveau tunnel. Elle avait accepté de se lancer dans l'aventure de l'AFA, en janvier 2001, parce qu'au même moment, la construction du tunnel était acceptée par la France. Elle avait besoin d'un axe de transport à grande capacité, pour offrir un débouché à son économie, toutes ses exportations terrestres devant obligatoirement franchir la barrière alpine. Elle croyait davantage au transport combiné classique qu'à l'autoroute ferroviaire, mais si elle renonçait à cette expérimentation, elle risquait de fragiliser l'accord pour la construction du tunnel.

L'Europe avait également son mot à dire sur la poursuite de l'expérimentation. Au sein de la commission européenne, la direction générale de la concurrence était, a priori, hostile au versement d'une subvention, assimilable à une aide d'État et susceptible de fausser la bonne application de la loi du marché. Par contre, la direction chargée de la mobilité était intéressée par cette nouvelle technique de report modal, qui renforçait la pertinence de son réseau trans-européen. Un compromis fut trouvé : la commission donna son autorisation pour la poursuite du service jusqu'en 2013, et demanda aux États de lancer une consultation, ouverte au niveau européen, pour choisir, en respectant les règles de la concurrence, l'opérateur ferroviaire chargé de le mettre en œuvre.

Afin de suivre ces directives, la France et l'Italie signèrent, le 9 octobre 2009, un accord les engageant à poursuivre ce service de ferroutage « en tendant vers son autonomie financière ». Ils lancèrent, immédiatement après cette signature, l'avis d'appel d'offre demandé par la commission européenne, dans l'espoir de conclure un nouveau contrat plus avantageux, qui prendrait la suite de l'expérimentation et débuterait à l'issue des travaux d'agrandissement du gabarit du tunnel ferroviaire du Mont-Cenis. L'avis d'appel d'offre est paru au journal officiel le 17 octobre 2009. Mais, pour de multiples raisons, tous leurs efforts n'ont eu pour résultat, jusqu'à présent, que de permettre la poursuite du service dans sa configuration initiale de 4 ou 5 allers-retours par jour, avec une subvention d'équilibre importante, tournant autour de 50 % du coût de revient du service.

Pour commencer, il faut reconnaître que les candidats à l'appel d'offre ne se sont pas bousculés pour y participer : seuls la SNCF et Trenitalia, les deux actionnaires de l'opérateur assurant l'expérimentation, ont répondu présents. Les gouvernements leur ont demandé en juillet 2010 de faire une première proposition en leur laissant carte blanche sur les sites de départ et d'arrivée, comme sur le nombre de trains par jour effectuant la navette, afin de se donner toutes les chances de trouver la meilleure configuration du service. Cette première offre a été examinée par la commission d'appel d'offre, sans être rendue publique, et je n'ai pas eu accès aux résultats, car un deuxième tour devait être lancé pour demander aux deux candidats de faire une nouvelle offre répondant à un même cahier des charges ajusté par les gouvernements. Ce deuxième tour n'a jamais été lancé, ce qui signifie très probablement que les pistes envisagées pour réduire le déficit n'étaient pas suffisamment convaincantes. En 2016, un nouvel appel d'offre fut décidé et des études ont été lancées pour en préparer le cahier des charges. Les ministres des transports Élisabeth Borne et Graziano Delrio ont annoncé en août 2017 le lancement de cette consultation. Depuis, je n'ai plus de nouvelles. Combien de temps faudra-t-il encore attendre l' « alignement de planètes » favorable, qui permettra de remplacer le service actuel par une solution plus performante ?

Quant à la mise au gabarit B1, elle a pris du retard en raison de la complexité des travaux, qui consistaient à abaisser le niveau des voies à l'intérieur du tunnel, une voie après l'autre, en laissant les trains circuler sur l'autre voie. Les Italiens ont commencé en 2002, puis les Français ont pris le relais en 2007, et c'est en septembre 2011 que les trains ont à nouveau pu circuler normalement. Mais des désaccords entre les deux gestionnaires d'infrastructure sur les dimensions exactes de l'ouvrage terminé ont empêché, pendant plus d'un an, de bénéficier du nouveau gabarit : le tunnel ne fut ouvert à la circulation au gabarit B1 que fin 2012.

De nouveaux transporteurs routiers ont alors pu se diriger vers l'AFA avec des camions standards de 4 m de hauteur, qui sont les plus répandus. Auparavant, avec une hauteur limitée à 3,75 m, seuls des camions citernes et quelques semi-remorques à plateau, chargés par exemple de plaques d'acier ou de poutrelles métalliques étaient acceptés. Le taux de remplissage des navettes a nettement augmenté, et l'année 2013 a battu tous les records avec 31 616 remorques transportées. Cet élargissement du marché accessible à l'AFA est arrivé à point, car les clients anciens, notamment dans le secteur de la chimie, réduisaient leur demande. En 2017, les trafics ont atteint un nouveau record, avec 35 508 remorques annuelles, pour redescendre à 32 100 en 2018.

Aux difficultés techniques de mise au point des wagons, de contrôle du gabarit des camions, de réglage de la puissance de traction entre les deux locomotives, entre autres, se sont ajoutés des problèmes juridico-administratifs de financement. Le versement de la subvention italienne à l'opérateur a été chaotique, avec des retards récurrents, liés à des procédures inhabituelles pour l'administration italienne. En juin 2013, la France a également cessé ses versements, car ils n'étaient plus autorisés par l'Europe, l'appel à la concurrence n'étant pas conclu. Ils ont repris mi-2014, après l'accord de la commission pour allonger le délai de la consultation. L'opérateur a menacé plusieurs fois de cesser son activité, mais sans mettre sa menace à exécution. Comment a-il pu éviter la faillite, alors qu'il lui manquait, pendant un an, la moitié de ses recettes ? Il indiqua pudiquement qu'il ne payait plus ses fournisseurs : heureusement que les fournisseurs en question sont la SNCF et Trenitalia, pour lesquels il valait mieux que les locomotives et les wagons continuent à tourner plutôt que d'être arrêtés, n'en ayant probablement pas d'autre utilisation possible. En tous cas, ils ont eu raison de continuer, car la subvention a fini par arriver.

C'est là que j'ai découvert que le mode ferroviaire est aussi lourd au sens figuré qu'au sens propre. Il faut du temps à un train pour se lancer et ensuite pour freiner. Il faut aussi beaucoup d'énergie et d'argent pour mettre en place un nouveau service, mais une fois installé, il est capable de continuer sur sa lancée des années avant de disparaître. Les deux terminaux ont été construits sur crédits publics, en France et en Italie. Les wagons ont été achetés avec l'assurance d'une subvention publique qui couvrirait leur amortissement. Quant aux locomotives, la SNCF les avait déjà, et elles étaient sous-utilisées à cause de la baisse du trafic. Tout le monde avait intérêt à ce que le service se poursuive dans sa configuration de départ, pour profiter au mieux de ces investissements importants.

Après quinze ans de fonctionnement, le service est bien rodé. Les transporteurs routiers s'y sont également bien adaptés. Le plus étonnant est que, même pour un trajet court de 175 km, la grande majorité des chauffeurs (88 % en 2015) ne prennent pas le train avec leur remorque. Un autre tracteur routier vient la récupérer après son trajet ferroviaire. Cela demande un peu d'organisation, mais c'est plus rentable pour le transporteur parce que chauffeur peut repartir tout de suite avec son tracteur, après avoir déposé sa remorque au terminal de l'AFA. Il prend en charge une autre remorque arrivée plus tôt, ou continue son trajet pour effectuer une autre prestation.

Début 2016, l'opérateur de l'AFA s'est adapté à cette situation en supprimant de ses navettes la voiture Corail destinée aux chauffeurs. Elle était située entre les deux locomotives, en tête de ses navettes. En même temps, il a rajouté un wagon double destiné aux remorques, portant le nombre de places disponibles de 22 à 24. C'est plus rentable pour lui, il augmente ses recettes, alors que le coût de circulation du train reste quasiment identique. Le service reste ouvert aux chauffeurs désirant accompagner leur poids lourd, parce qu'un mini-bus leur permet de le retrouver de l'autre côté de la frontière en prenant l'autoroute et le tunnel du Fréjus, pendant le trajet du train.

La commission européenne a fait preuve de beaucoup de compréhension. Elle a reconnu la difficulté de l'exercice consistant à demander à des opérateurs ferroviaires de s'engager dans un service aussi particulier, tout en respectant les règles de la concurrence, alors qu'ils ont bien du mal à en prévoir l'évolution. Le service défini de gré à gré avec la SNCF et Trenitalia est beaucoup plus confortable pour l'opérateur : il s'apparente à un service en régie, puisque les subventions peuvent s'ajuster en fonction des résultats annuels de trafic. La commission a prolongé son autorisation de subvention du service, qualifiant l'autoroute ferroviaire alpine de « service transitoire », faisant suite au « service expérimental ». Cela permet la poursuite de l'AFA. Cela montre surtout que personne ne veut porter la responsabilité d'un arrêt du service, alors que le tunnel de base est en travaux. Le signal politique ne serait vraiment pas bon. Le fait que le tunnel soit en travaux est la meilleure garantie que l'AFA continue, grâce aux subventions publiques.

TRIPLER LA CAPACITÉ DE L'AUTOROUTE FERROVIAIRE ALPINE

L'objectif « d'un service complet d'autoroute ferroviaire à l'horizon 2005/2006, comprenant 20 à 30 trains par jour et par sens » avait été affiché publiquement en janvier 2001, au sommet de Turin, en annonçant la création de l'AFA. Le bilan financier effectué en 2006 a sérieusement refroidi les ardeurs gouvernementales, mais l'idée est restée bien présente chez les élus et les associations de protection de l'environnement des vallées alpines.

En 2009, après les annonces médiatiques de l'engagement national sur le fret ferroviaire du mois de septembre et le lancement de l'appel d'offre demandé par l'Europe, l'objectif restait d'assurer un trafic de 100 000 poids lourds par an, avec une douzaine d'allers-retours par jour au lieu de quatre. Cette solution, consistant à tripler la capacité de l'AFA, était inscrite à l'agenda. Mais les premiers résultats de la consultation firent découvrir que cela nécessiterait beaucoup plus d'argent public qu'espéré, et le dossier s'enlisa.

C'est vers 2012 que les opposants au Lyon-Turin ont alors imaginé que si cette extension de l'AFA n'était pas mise en œuvre par les gouvernements, c'était parce qu'elle allait démontrer l'inutilité du nouveau tunnel en construction. Pour eux, ce serait toujours évidemment moins coûteux de subventionner, si besoin, ce service, que de financer la construction d'ouvrages gigantesques. Et puis, techniquement, selon eux, rien ne s'y oppose puisque la ligne existante de Modane est similaire à celles qui assurent en Suisse un trafic de marchandises de 25 millions de tonnes par an, soit une part de marché de plus de 60 % pour le fer dans le trafic transalpin helvétique.

Des responsables d'organisations non gouvernementales (ONG) de protection de l'environnement des Alpes ont publié fin mars 2016 une déclaration accusant l'État d'incohérence à propos du chantier du tunnel de base du Lyon-Turin. Ils ne comprenaient pas que les États refusent une solution moins chère et plus rapide à mettre en œuvre que cet ouvrage destructeur des milieux naturels.

Les ONG signataires s'attaquaient aux dérogations préfectorales de destruction d'habitats d'espèces protégées (comme le crapaud calamite), qui font partie de la procédure réglementaire de protection de l'environnement applicable aux projets d'aménagement. La contrepartie de ces destructions est la compensation par des reconstitutions deux ou trois fois plus importantes. C'est la dernière étape d'un processus d'études détaillées, dont l'objectif est d'abord d'éviter et ou de réduire ces destructions, comme le prévoit la loi. Mais pour les ONG, le projet était devenu inutile, et tout cela leur apparaissait incohérent alors que l'autoroute ferroviaire continuait de piétiner.

La question de fond est bien celle du report modal des circulations de poids lourds vers le mode ferroviaire, objectif sur lequel l'État et les associations convergent. Mais les avis divergent sur les solutions. Les ONG s'opposent à la construction d'un tunnel de base ferroviaire, dès lors qu'une autre solution, celle de l'autoroute ferroviaire, peut déjà assurer un report modal. Pour l'État, ces deux solutions sont complémentaires, et obéissent à une logique économique très différente. Le service subventionné est une mesure coûteuse, de portée limitée, donc provisoire. L'investissement en infrastructure est une solution de long terme, plus pérenne et d'ampleur plus satisfaisante.

La France et l'Italie, comme la Suisse et l'Autriche, misent simultanément sur les deux composantes du report modal : des services d'autoroutes ferroviaires à court terme et des tunnels de base mis en chantier pour le long terme.

Les autoroutes ferroviaires en place dans les différents pays sont toutes subventionnées pour franchir la barrière alpine par les tunnels d'altitude existants (Fréjus, Simplon, Gothard) ou par le col du Brenner. Les subventions publiques sont de l'ordre de 40 % du coût du franchissement, ce qui est considérable. La France et l'Italie dépensent chacune 5 millions d'euros par an pour faire passer 30 000 remorques routières, après avoir construit les terminaux de chargement sur crédits publics. Cette initiative, prise en 2001, n'aurait jamais eu lieu sans la décision de construire le tunnel de base, avec l'aide de l'Europe.

La Suisse, qui finance en totalité les travaux de ses trois tunnels de base, continue à subventionner sa « route roulante », qui a transporté 99 000 camions en 2014 entre Fribourg et Novare, soit trois fois plus qu'entre la France et l'Italie, sur un parcours plus de deux fois plus long. La subvention est montée à 333 CHF par camion (310 €), presque autant que pour notre « autoroute ferroviaire alpine », ce qui représente un budget de

30 millions d'euros par an. La Suisse dépense également 150 millions d'euros par an pour subventionner le fret ferroviaire transalpin passant par les anciens tunnels d'altitude en transport combiné. Cela lui permet de maintenir un trafic important sur le rail, historiquement très développé sur son territoire. Cette dépense est une mesure complémentaire et provisoire, également indissociable de la construction des tunnels de base du Lötschberg, du Gothard et du Ceneri, puisqu'elle prendra fin deux ans après leur ouverture complète.

Quelle que soit l'ampleur des crédits attribués à ce type de service provisoire, qui diffère selon les pays, cela ne change pas le fait que l'autoroute ferroviaire de montagne n'est pas un service commercial, mais un service public subventionné, répondant à une volonté des populations alpines d'amorcer rapidement le report modal. Les tunnels de base constituent une solution beaucoup plus durable, car ils garantissent sur le long terme, des coûts d'exploitation réduits pour les opérateurs ferroviaires, tout en respectant les règles du marché.

Il faut également avoir conscience du fait que les autoroutes ferroviaires de courte distance, franchissant seulement la barrière alpine, sont finalement plutôt favorables au développement du mode routier sur l'ensemble du continent européen. Au contraire, la construction des tunnels de base va favoriser le mode ferroviaire bien au-delà de la barrière alpine. C'est un élément essentiel pour la massification du transport ferroviaire, condition nécessaire de sa compétitivité par rapport à la route. Il sera commercialement plus facile de remplir des trains lourds en mutualisant les trafics d'origines et destinations multiples, grâce à un maillage efficace du réseau. C'est pourquoi l'Europe, misant sur un standard de trains plus lourds et plus rapides, a mis la priorité sur le financement de ces tunnels, remplaçant les tronçons de montagne, qui constituent de véritables goulots d'étranglement sur le plan économique, parce qu'ils obligent les opérateurs à faire circuler des trains courts et légers, plus coûteux en exploitation.

En retenant un financement public de ces tunnels, avec l'aide de l'Europe, les États apportent une contribution déterminante pour un report modal pérenne et de grande ampleur. Ils répondent ainsi à leurs objectifs de lutte contre le réchauffement climatique et de protection des Alpes.

La décision de construire un tunnel de base et celle de lancer l'expérimentation du procédé Modalohr sur le même itinéraire, se complètent. Ceci a permis, aux gouvernements comme aux opérateurs ferroviaires, de préparer l'avenir, et de mieux anticiper les avantages que pourra rapporter une ligne de plaine par rapport à une ligne de montagne.

On peut effectivement regretter que la France, comme l'Italie, ne donnent que 5 M€ par an pour l'AFA alors que la Suisse donne environ 30 M€ pour sa route roulante. Mais je regrette surtout que nous ayons pris dix ans de retard par rapport aux Suisses dans la construction de notre tunnel de base, car cela retarde d'autant le moment où nous pourrons nous passer de verser ces subventions et bénéficier, nous aussi, du report modal qui commencera à se produire chez nos voisins européens, à la fois en tonnage transporté et en kilomètres parcourus, avec un fret ferroviaire qui aura amélioré sa rentabilité commerciale.

En versant davantage de subventions aux opérateurs ferroviaires que ses voisins, la Suisse a réussi à conserver, sur son territoire, une part de marché importante, proche de 70 %, pour le fer transalpin. Une partie de ce bon résultat provient d'un véritable report modal depuis la route, mais une autre vient d'un simple changement d'itinéraire. Des trains qui passaient en France ou en Autriche se sont détournés par la Suisse pour bénéficier de ses subventions. Cela a contribué à accentuer nos mauvais résultats. Globalement, au total sur les trois pays, la part modale du fer a continué à reculer : elle était de 36 % en 2000, 33 % en 2008 et elle a encore chuté à 31 % en 2018.

L'Europe est plus réticente que la Suisse pour introduire des subventions, qui perturbent les équilibres du marché. En effet, je vois bien qu'une subvention n'est qu'un transfert monétaire, sans valeur ajoutée. Elle provoque une perte de valeur, en détournant les trafics de leur optimum économique. Cette perte de valeur peut être justifiée lorsqu'elle permet un gain environnemental, et c'est le cas lorsqu'on observe un report modal de la route vers le rail. Mais un allongement des trajets des trains pour profiter des effets d'aubaine, est une perte globale, sur le plan économique comme sur le plan environnemental.

Ce qui me donne meilleur espoir pour faire remonter la part modale du fer, c'est le consensus entre l'Europe et la Suisse sur les tunnels de base. Ils permettront de favoriser le transport ferroviaire, tout en respectant les règles du marché, sans perte de valeur. En s'engageant ensemble dans leur construction, tous les pays bénéficieront de leurs avantages, écologiques comme économiques.

L'AUTOROUTE FERROVIAIRE LORRY RAIL : 1 000 KM EN PLAINE

Après avoir testé les nouveaux wagons surbaissés dans les Alpes, la SNCF s'est lancée dans l'ouverture d'une nouvelle autoroute ferroviaire, sur une longue distance et sans passage montagneux, entre Bettembourg, au Luxembourg, et Le Boulou, à la frontière espagnole près de Perpignan. Elle s'est associée à la Caisse des dépôts, à Vinci, à la société des chemins de fers luxembourgeois et au fabriquant des wagons Modalohr, au sein d'une filiale baptisée Lorry Rail.

Comme pour la première ligne alpine, ce service a mis plusieurs années avant de trouver son rythme de croisière. Ouvert en 2007 au transport des remorques routières, il a accepté les conteneurs à partir de 2009, ce qui lui a permis d'optimiser le remplissage des trains. Les tracteurs routiers ne sont pas acceptés dans ce service non accompagné. Il n'y a pas de voiture pour les chauffeurs. En 2012, la productivité a été améliorée par le passage à 850 m de la longueur des rames, contre 750 m auparavant. Cet allongement a porté de 40 à 46 emplacements la capacité de transport des rames. La masse remorquée grimpe à 2 400 tonnes. L'offre de service est passée d'un aller-retour quotidien à quatre, et cela fonctionne bien, sans subventions à l'exploitation, en dehors de l'aide au « coup de pince » dont bénéficient les conteneurs lorsqu'ils changent de mode de transport (le montant de cette aide publique est passé en France de 12 € à 15,60 € en 2009, ce qui reste modeste).

Les États ont largement subventionné les investissements en infrastructures, principalement pour construire les terminaux : la France a apporté 36 M€, le Luxembourg 6,5 M€, pour un autofinancement de Lorry Rail de 20 M€. Il a également fallu vérifier le gabarit bas des voies, parce que les navettes Modalohr sont surbaissées. Contrairement aux navettes d'autoroute ferroviaire à grand gabarit, elles ne dépassent le gabarit B1 du réseau ferré français, ni en hauteur, ni en largeur, mais elles passent au raz du sol et certains équipements de signalisation ou d'exploitation proches du niveau des rails, ont dû être déplacés.

J'ai cherché à comprendre pourquoi ce service pouvait se passer de subventions, contrairement à l'autoroute ferroviaire alpine (AFA), alors que toutes deux utilisent la technique Modalohr. Deux différences principales peuvent l'expliquer : la plus évidente est la longueur du trajet effectué, 1 050 km contre 175 km. L'autre, c'est la différence de pente de l'itinéraire, qui commande la longueur des rames, 23 wagons doubles pour la ligne de plaine, contre 12 pour la ligne de montagne. Laquelle de ces deux différences est la plus importante pour expliquer la rentabilité de Lorry-Rail ?

Je me suis rendu compte que les opérateurs ferroviaires ne donnent pas facilement leurs coûts de revient, et je me demande d'ailleurs dans quelle mesure ils les connaissent eux-mêmes, tant il y a de manières différentes de les évaluer. Quand ils achètent une locomotive, c'est pour trente ans, voire plus : comment répartir son amortissement sur une durée aussi longue ? Ils sont obligés de faire des paris sur l'avenir, de faire très attention à la fois à la concurrence qui peut s'exercer à court terme, et à leur pérennité à long terme. J'ai noté dans des études exploratoires de l'autoroute ferroviaire alpine que le coût d'exploitation d'un train comprenant une seule locomotive revenait à environ 10 € du km, 14 €/km pour un train utilisant 2 locomotives, 18 €/km pour 3 locomotives. Bien sûr, il s'agit d'ordres de grandeur un peu anciens, mais cela donne déjà une idée du poids prépondérant des locomotives dans les coûts ferroviaires.

En comparaison, le coût d'un semi-remorque, effectuant des transports de moyenne ou longue distance, était de l'ordre de 1 € du km. Cette valeur est publiée régulièrement par le comité national des transporteurs routiers (CNR). On peut d'ailleurs constater qu'elle n'a pas beaucoup augmenté depuis 20 ans, ce qui signifie, en fait, que le coût du transport routier a baissé, compte tenu de l'inflation.

Sur le territoire national, un poids lourd transporte en moyenne 15 tonnes de charge utile et un train environ 600 tonnes, soit l'équivalent de 40 poids lourds : on voit tout de suite qu'un train revient moins cher au kilomètre (10 à 18 €) que 40 poids lourds (40 € / km). En gros entre deux et quatre fois moins cher.

Lorsque le camion complet est chargé sur une autoroute ferroviaire, avec son chauffeur, il économise son carburant et les péages, qui représentent environ un tiers des coûts de revient. Le salaire du chauffeur et l'amortissement du camion continuent à peser sur le coût du transport, et s'ajoutent aux coûts ferroviaires. C'est ce qui explique la conclusion de la commission Abraham, lorsqu'elle disait que le coût kilométrique de l'autoroute ferroviaire à grand gabarit serait généralement plus élevé que le coût routier, sauf dans des cas particuliers de franchissements d'obstacles. C'est pour cette même raison que les transporteurs ont plébiscité l'autoroute ferroviaire non accompagnée, pour libérer le tracteur et son chauffeur. Dans ce cas, la part des coûts routiers restant à compter est très faible : elle se limite à l'amortissement de la remorque, qui est peut-être dix fois moins chère que le tracteur.

En tablant sur un coefficient de remplissage de 80 %, la rame Lorry Rail, avec ses 850 m de longueur et ses 46 emplacements, transportera en moyenne 37 remorques, ce qui est correct et sans aucun doute suffisant pour que le coût kilométrique par unité transportée soit nettement inférieur à celui de la route. Par contre, la rame de l'AFA ne dispose que de 24 emplacements, soit 19 remorques en moyenne avec le même taux de remplissage, alors qu'elle doit mobiliser deux locomotives pour franchir la pente. Son coût kilométrique par unité transportée n'est pas très différent de celui du camion sur une route ou autoroute normale. Il reste peut-être intéressant sur un tronçon comprenant un long tunnel comme le Fréjus, dont le péage est cher, mais l'allongement de parcours en plaine d'une telle rame ne rapporterait aucun avantage supplémentaire.

Ces données succinctes me suffisent pour avoir la conviction que la première condition pour que l'autoroute ferroviaire de type Modalohr soit rentable, est qu'elle soit suffisamment massive, avec des rames longues et fortement chargées : la longueur du trajet parcouru ne devient un atout que si cette condition première est bien remplie.

Je ne prétends pas avoir fait une étude sérieuse, seulement un calcul de coin de table, à partir d'hypothèses qui sont évidemment discutables. Mais cela me suffit pour comprendre que l'augmentation de la taille des trains est certainement beaucoup plus importante que l'extension du trajet, pour permettre au fret ferroviaire de retrouver sa compétitivité. L'avenir est aux trains lourds. Et tant pis s'ils ne passent pas la montagne. Les trains Modalohr de Lorry Rail sont déchargés au pied des Pyrénées et la marchandise franchit le relief en camion.

En novembre 2018, alors que l'appel d'offre pour l'extension de l'AFA était au point mort, la SNCF a ouvert une liaison Modalohr entre Calais et Turin. Les trains partent de Calais avec une capacité de 40 remorques routières : c'est un train de plaine, comparable à celui qui va vers Perpignan. Mais à l'approche des Alpes, il est coupé en deux trains de 20 emplacements, avec deux locomotives sur chaque train pour pouvoir franchir le relief. Nous sommes encore au début de ce service et il est encore trop tôt pour savoir s'il sera équilibré financièrement. Ce que je trouve le plus intéressant, dans le lancement de cette nouvelle liaison, est qu'il démontre que l'opérateur est prêt à fournir, pendant quelques années, un effort financier, sans doute important, pour se placer face à la concurrence sur un itinéraire qui devrait devenir rentable dans une dizaine d'années, avec l'ouverture du tunnel de base.

Ainsi, l'expérimentation lancée fin 2000 par le ministre Gayssot se poursuit encore aujourd'hui, en évoluant d'un service ponctuel de franchissement d'obstacle vers un nouveau type de transport combiné à longue distance, dans lequel les semi-remorques sont tirées par une locomotive sur la plus grande partie de leur parcours, et par un tracteur routier pour les trajets terminaux. Ce nouveau service confirme la nécessité de concevoir des trains longs et fortement chargés, et c'est bien pour leur permettre de circuler sur tous les grands corridors européens que les tunnels de base alpins ont été lancés.

Mais, si je vois bien le lien de cause à effet entre ces nouveaux tunnels et la massification des trains, une question demeure sans réponse. Pourquoi des évolutions techniques innovantes ne permettraient-elles pas de faire passer des trains de grande capacité par l'itinéraire actuel ? Qu'est-ce qui prouve que ce n'est possible qu'avec un nouveau tunnel ? Une autre des nombreuses solutions en attente semble proposer une réponse : elle s'appelle « R-shift-R » !

L'INNOVATION AVEC LE CONCEPT R-SHIFT-R

J'ai commencé à entendre parler de R-shift-R pendant la concertation sur les tracés de la ligne dans l'avant-pays savoyard, entre Lyon et Chambéry, en 2003. Puisque la question du fret était devenue prépondérante dans les objectifs de la nouvelle liaison transalpine, les opposants ont exploité l'idée fondatrice de ce nouveau concept : le report des trafics sur le mode ferroviaire viendrait d'une réorganisation complète de la chaîne de transport, grâce à des innovations techniques.

Le point de départ de cette idée est excellent : il faut améliorer la qualité et la rentabilité du fret ferroviaire pour le rendre plus compétitif que la route. M. Alain Margery, l'inventeur du concept R-shift-R, est un retraité, habitant dans la banlieue de Grenoble. Il s'est passionné pour sa recherche et a fourni un travail considérable pour développer son idée, avec l'aide d'économistes. Son objectif est d'attirer le trafic de marchandises qui passe actuellement par la route, et c'est pourquoi l'accent a été mis sur le mécanisme de transfert de la charge entre la route et le fer, le « Route - shift - Rail », en abrégé « R-shift-R ».

La principale innovation concernerait la conception des terminaux de chargement. Les semi-remorques seraient positionnées sur des plateaux, placés en bord de voie ferrée, et prêts à coulisser latéralement sur le train. Ces plateaux peuvent également recevoir un conteneur. Dès que le train arrive, il décharge ses plateaux et en recharge d'autres, en six minutes, et il peut repartir, comme un train de voyageurs dans lequel on monte et d'où l'on descend rapidement. Pas de temps perdu, ce qui permet de rentabiliser le matériel, en parcourant davantage de kilomètres dans la journée.

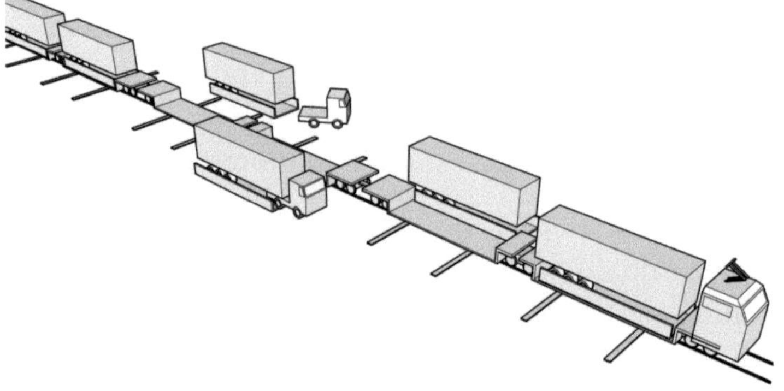

Illustration 10: Le concept R-shift-R : la remorque coulisse latéralement entre le quai et le train.

Pour optimiser le système, il faut utiliser des trains les plus massifs possible. Compte tenu d'une longueur standard de 750 m projetée sur le réseau européen, la rame est prévue avec 23 wagons doubles de 31,5 m. Il n'y a pas de locomotive, chaque module étant motorisé avec une puissance de 0,5 mégawatts (0,5 MW). Ce principe de motorisation répartie permet de gagner la longueur et le poids des locomotives, et donc de transporter plus de charge utile : une cabine de conduite est placée sur le premier wagon, en tête du train. Cette configuration répond bien aux problèmes d'adhérence des roues motrices sur le rail, et de résistance des attelages, permettant des accélérations plus franches. Son concepteur indique que cette rame peut, de ce fait, franchir des pentes importantes.

Lisant cela, les opposants à une ligne nouvelle ont trouvé une réponse à l'argument selon lequel la pente était un obstacle important pour la circulation des trains de marchandises, parce qu'elle nécessite de multiplier les locomotives tout en limitant le tonnage maximum des trains, pour des raisons d'adhérence des roues ou de résistance des attelages.

Comment peut-on franchir de fortes pentes en étant lourdement chargé ? Pour le randonneur, la réponse est simple : en marchant lentement ! C'est vrai aussi pour un train, et cela mérite une analyse qui rentre un peu dans la technique.

La ligne de montagne entre Saint-Jean-de-Maurienne et Suse a une pente maximale de 30 ‰ (30 pour mille ou 3 %), avec des courbes serrées qui provoquent une résistance supplémentaire à l'avancement, ce qui porte la « pente équivalente » à 34 ‰. Physiquement, cela veut dire que pour faire monter un train de 1 000 tonnes situé sur cette voie, il faut développer une force de traction horizontale de 30 tonnes pour s'opposer à la pesanteur qui tend à le faire redescendre à cause de la pente. Ces 30 tonnes s'ajoutent à la force qui permettrait de le déplacer à plat, et qui correspond aux frottements aérodynamiques ou de roulement. J'ai regardé les caractéristiques d'une des plus puissantes locomotives françaises, la BB26000, qui développe 5,6 MW. En observant sa courbe de puissance en situation réelle de traction d'un train, j'ai vu que cette force est de l'ordre de 4 tonnes seulement pour un tel train, à 80 km/h sur terrain plat.

Sur la ligne de montagne, l'effort total nécessaire est donc de 34 tonnes, et même 38 tonnes dans les virages.

Sur cette ligne très pentue, le train a donc besoin de disposer d'une puissance de traction bien plus importante qu'en plaine, en gros dix fois plus importante. C'est la raison pour laquelle l'accès est limité aux trains de 600 tonnes avec 1 locomotive, 1 150 tonnes avec 2 locomotives, et 1 600 tonnes avec 3 locomotives (2 à l'avant et 1 en pousse, à l'arrière). Ces limites réglementaires permettent en théorie d'atteindre 70 km/h en montée.

J'ai poursuivi l'analyse des courbes de traction de ma locomotive BB26000 : elle exerce une force de traction maximale de 28 tonnes à 70 km/h. En roulant deux fois moins vite, la même puissance de 5,6 MW lui permettrait, selon les lois de la physique, d'exercer une force de traction double, soit 56 tonnes. Mais, sur la courbe, sa force de traction ne dépasse pas 32 tonnes à faible vitesse, à cause des problèmes d'adhérence de ses huit roues motrices sur le rail (elle dispose de 2 bogies à 2 essieux, cela s'exprime par le sigle BB). Elle est donc bien incapable de faire monter toute seule un train de 1 000 tonnes sur la ligne de la Maurienne.

La rame R-shift-R, avec ses 23 bogies motorisés de 0,5 MW, totalise 11,5 MW. Elle dispose, à peu près, de la même puissance que deux locomotives BB26000, alors que sa masse totale dépasse les 2 000 tonnes. Mais elle n'a pas de problème d'adhérence sur les rails, avec 92 roues motrices, et peut donc tirer beaucoup plus fort, à faible vitesse, si bien qu'elle réussirait à monter la pente de la ligne de montagne. L'idée est séduisante. Mais pourquoi alors aucun industriel, dans aucun pays, n'a-t-il essayé de mettre en œuvre ce concept de motorisation répartie pour les trains de fret ? Cela se fait bien pour les trains de voyageurs, avec des puissances moindres, pour permettre des accélérations plus franches. Il fallait assurément creuser cette question.

Dans le rapport final de 2008 du projet R-shift-R, qui a bénéficié de subventions au titre du PREDIT (programme de recherche et d'innovation dans les transports terrestres), je suis tombé sur le calcul de la vitesse maximale atteinte par la rame en pente de 35 ‰ : le résultat est 37 km/h. C'est un sérieux handicap, alors que tout l'intérêt du concept R-shift-R est d'optimiser les temps de chargement et de déchargement, afin de rentabiliser au mieux le matériel. À quoi bon charger la rame en 6 minutes, si elle perd à peu près une heure sur la ligne de montagne ? Elle parcourrait les 70 km les plus pentus en deux heures au lieu d'une, en prenant en compte le fait qu'elle doive également limiter sa vitesse à la descente pour dissiper ou récupérer l'énergie de freinage. Les études économiques tablent sur une vitesse d'exploitation de 120 à 160 km/h. Je ne trouve pas mention, dans le modèle économique décrit dans le rapport, d'une vitesse plus faible pour la traversée des Alpes.

En roulant à 37 km/h, la rame R-shift-R poserait en outre un problème de sillon sur la voie ferrée, alors qu'il s'y trouve également un trafic de voyageurs. Le différentiel de vitesse entre deux trains qui se suivent, oblige à prévoir un espacement important entre eux, et cela réduit fortement la capacité de la voie. Pour bien faire, il aurait fallu doubler la puissance des moteurs, de façon à se rapprocher des 70 km/h théoriques, mais cela n'est pas envisagé dans le rapport.

J'ai également constaté, dans les études économiques, que le coût d'exploitation des rames R-shift-R est fixé à une valeur conventionnelle résultant des données des trains classiques, sans tenir compte du coût d'achat de ces rames bien particulières. Or ce sont les locomotives qui pèsent le plus lourd dans les comptes des opérateurs de fret. Un moteur électrique de forte puissance coûte cher, avec l'électronique qui le commande. Je pense que la rame R-shift-R, avec ses 23 petites locomotives spécifiques, aurait un coût d'achat et d'exploitation encore plus élevé qu'un train classique avec trois locomotives.

De plus, cette rame serait figée dans la même configuration pour circuler en plaine comme dans les Alpes. En plaine, elle serait sur-motorisée, et en montagne, sous-motorisée. Le capital immobilisé pour l'exploitation ne serait pas optimisé, alors qu'un train classique peut plus facilement ajuster sa puissance de traction par l'ajout de locomotives pour une partie de son parcours. Dans l'hypothèse où l'on devrait doubler la puissance disponible pour atteindre 70 km/h en montée, cela augmenterait considérablement le prix des rames.

La solution technique est intéressante, mais le problème est d'ordre économique. Une des conclusions du rapport R-shift-R est très claire à ce sujet, et les opposants au Lyon-Turin se sont bien gardés de la mettre en avant : pour trouver toute son efficacité, le concept R-shift-R devrait bénéficier d'infrastructures dédiées, assurant des vitesses commerciales importantes. Autrement dit, le recours à ces nouvelles rames serait beaucoup plus efficace avec le projet Lyon-Turin, et plus précisément avec son tunnel de base, qui permettrait aux rames projetées de rouler entre 120 et 160 km/h, comme si elles restaient en plaine.

En réalité, le concept R-shift-R est un argument supplémentaire pour démontrer l'utilité des tunnels de base alpins. Il ne peut pas être considéré comme une alternative.

Dès qu'il y a une pente importante à franchir, même si cela ne concerne qu'une petite portion de l'itinéraire parcouru, le mode ferroviaire perd son avantage économique sur la route. Le calcul des forces de traction est clair : pour franchir les Alpes par la ligne actuelle, il faut pouvoir fournir un effort de traction dix fois plus important que l'effort nécessaire à plat pour faire rouler le même train et cela nécessite des équipements coûteux.

Nous ne sommes pas habitués à ce type de résultats, parce que les automobiles dans lesquelles nous voyageons sont assez puissantes pour absorber facilement une pente normale sur autoroute, autour de 4 % ou 5 %. En fait, leur moteur est conçu pour fournir des accélérations importantes, et il sert surtout à vaincre la résistance de l'air, qui absorbe la plus grande quantité d'énergie, en roulant à vitesse élevée. En montée, elles consomment de l'ordre de deux fois plus qu'à plat (10 litres aux 100 km au lieu de 5 litres par exemple), et en descente elles ne consomment rien, ou très peu, grâce à l'effet de la pesanteur qui fournit gratuitement l'essentiel de l'énergie nécessaire pour vaincre la résistance de l'air. Au total, nous ne perdons presque pas de temps et cela ne nous revient pas beaucoup plus cher.

C'est bien différent pour un train, qui demande beaucoup moins d'énergie pour rouler à plat, rapportée à la tonne transportée. Du coup, il est beaucoup plus sensible à la pente.

C'est un peu comme l'ancienne 2 CV sur laquelle j'ai appris à conduire, par rapport à une voiture récente : le moindre faux plat ne passait pas inaperçu. J'avais l'impression de ne plus avancer, et de gêner les voitures plus puissantes.

LE COÛT DE LA TRACTION FERROVIAIRE EN MONTAGNE

Les techniciens de la SNCF que j'ai côtoyés m'ont tous confirmé que la nécessité de rajouter des locomotives, pour franchir les fortes pentes, se traduisait par une augmentation sensible du coût de revient du transport ferroviaire. À partir des ordres de grandeur dont je dispose, chaque locomotive coûterait de l'ordre de 4 € du km, alors que les autres frais, principalement le salaire du conducteur, la redevance pour le sillon et l'énergie représentent 6 € du km. Avec ces données, je calcule rapidement qu'un train qui avait besoin de trois locomotives pour monter à Modane, et qui se contenterait d'une seule locomotive avec un profil de plaine, verrait son coût de revient au kilomètre passer de 18 €/km à 10 €/km grâce au tunnel de base, soit 45 % d'économie.

Une étude plus précise a été présentée en Italie par Lyon Turin Ferroviaire le 17 décembre 2010, dans le cadre d'un groupe de travail avec les opposants, portant sur l'intérêt économique du projet. Elle compare les coûts d'exploitation de la ligne entre Saint-Jean-de-Maurienne et Chiusa San Michele, soit 101 km dans la configuration actuelle, et 82 km lorsque le tunnel de base sera en service. L'économie permise par le nouveau tunnel est estimée entre 38 % et 41 % du coût actuel, en tenant compte de tous les paramètres, le nombre de locomotives, le temps de parcours, le coût du sillon et de l'énergie. Ce résultat me paraît, à première vue, assez concordant avec mon approche simplifiée sur le coût des locomotives.

En regardant le détail du calcul de LTF, j'ai eu la surprise de lire que la consommation d'énergie du train serait plus forte en utilisant le nouveau tunnel de faible altitude, que la ligne de montagne. La raison invoquée est qu'en tunnel, le frottement de l'air oppose plus de résistance à l'avancement qu'à l'air libre. Il me paraissait pourtant évident qu'il fallait beaucoup plus d'énergie pour monter à 1 300 m d'altitude qu'à 750 m. Je pensais, à première vue, que cela dépassait l'influence de la résistance de l'air. Il me fallait une explication de ce que je considérais alors comme une anomalie.

La première réponse que j'aie trouvée tient au mode de facturation de l'énergie : selon les barèmes du réseau ferré français, la consommation d'énergie des trains de fret est comptée forfaitairement pour 17,92 kWh/train/km. La fourniture de l'énergie, incluant les frais de distribution, leur est facturée 1,152 €/km. Ce tarif est le même, quel que soit le nombre des locomotives et le profil de la ligne. Il y a inévitablement une consommation supplémentaire à la montée en montagne, mais je constate que c'est le fournisseur d'énergie qui en supporte le coût et non le transporteur ferroviaire. Cependant, cette réponse n'était pas satisfaisante, car il en serait de même pour la consommation supplémentaire en tunnel, qui ne serait donc pas facturée au transporteur.

Cette première réponse confirme néanmoins que le rail est vraiment très économe en énergie par rapport à la route. Un poids lourd standard consomme en moyenne 30 litres de gazole aux 100 km, soit environ 3 kWh par km. Un train a besoin de seulement six fois plus d'énergie, 18 kWh par km, alors qu'il transporte en moyenne quarante fois plus de marchandises.

Une autre réponse m'a été apportée par un opposant au projet, qui m'a rappelé que les trains pouvaient produire, à la descente, une quantité d'énergie comparable à celle qu'ils ont utilisée à la montée, et la réinjecter dans le réseau. La plupart des locomotives électriques disposent en effet de cette fonctionnalité : leurs moteurs électriques se transforment en générateurs de courant qui retiennent le train à la descente, en renvoyant le courant dans la caténaire. Le réseau électrique absorbe le courant fourni par la locomotive et, si nécessaire, le convertit pour l'utiliser ailleurs. Je sais que la ligne de Modane n'est pas très performante pour assurer cette fonction, mais j'imagine que ses sous-stations électriques et sa caténaire pourraient être améliorées. L'argument selon lequel le nouveau tunnel permettrait de faire des économies d'énergie serait donc faux !

Pour y voir clair sur ce sujet complexe, j'avais besoin de raisonner à partir d'ordres de grandeur des coûts de l'électricité en euros, pour un train donné, sur cette section d'itinéraire.

J'ai pris le train le plus lourd pouvant circuler par l'itinéraire actuel, 1 600 tonnes tractées, trois locomotives, transportant environ 1 000 tonnes de marchandises nettes. Le calcul présenté par LTF aboutissait dans ce cas à un coût total de 2 560 €, incluant la fourniture de l'énergie, pour le trajet en montagne, dans la situation actuelle. Quelle est la part de l'électricité ?

J'ai alors fait appel à mes souvenirs de physique du lycée : pour hisser le train à 1 300 m d'altitude en partant de 500 m, l'altitude de Saint-Jean-de-Maurienne, il faut fournir l'énergie potentielle liée au dénivelé. Pour élever 1 900 tonnes (locomotives comprises) de 800 m de dénivelé, l'énergie potentielle est :

Mgh = 1 900 000 x 9,81 x 800 = 14 911 mégajoules = 4 100 kWh.

En tenant compte du rendement d'un moteur électrique, qui est de l'ordre de 95 %, on aura besoin de 4 300 kWh. Au tarif ferroviaire de 49,47 €/MWh, cela fait environ 210 €.

Cette énergie potentielle, liée à la pente à franchir, s'ajoute à celle qui serait nécessaire à plat et qui résulte des différents frottements de roulement ou aérodynamiques, qui ne dépendent pas de la pente. Pour connaître l'énergie qui serait nécessaire pour parcourir ces 101 km à plat, il suffit de multiplier la force de traction, exprimée en newtons, par la distance parcourue. D'après les courbes de traction de la locomotive BB26000, cette force serait de 7 tonnes environ pour 1 600 tonnes tractées ; 7 tonnes valent 68 670 newtons. L'énergie est alors :
F x L = 68 670 x 101 000 = 6 936 mégajoules = 1 900 kWh. Soit un coût de 100 € pour ce parcours.

À la montée, sur la première moitié du trajet, il faut dépenser 50 € pour les frottements et 210 € pour le dénivelé, soit 260 €. Pour la descente, le train est obligé de freiner, ce qui ne coûte rien en énergie. Total : 260 €. S'il utilise la récupération d'énergie, il peut restituer au réseau la différence entre l'énergie potentielle dont il dispose (valorisée à 210 €) et celle qu'il consomme pour rouler (50 €), soit 160 €, venant en déduction des 260€ de la montée. Ainsi, dans l'idéal, en négligeant toute perte en ligne, il ne dépenserait que 100 €, comme en plaine.

Pour le nouveau tracé, qui ne mesure que 82 km, le même calcul donnerait 80 € pour les frottements, à plat. C'est à ce niveau que doit intervenir un supplément lié à la résistance de l'air qui est certainement un peu plus forte à l'intérieur des tunnels, c'est-à-dire sur 59 km pour les nouveaux tunnels contre 13,7 km pour l'ancien tunnel de faîte. Dans le document de LTF, il est mentionné un supplément de coût de 96 € par rapport à l'itinéraire actuel, ce qui ferait 196 €, malgré le trajet plus court. Cela signifierait plus qu'un doublement du total des frottements, ce qui m'étonne un peu, mais je suis prêt à accepter cette hypothèse. C'est vrai que le diamètre du tunnel dans lequel circuleront les trains a été augmenté par rapport au minimum nécessaire, justement pour répondre aux problèmes aérodynamiques et de ventilation, qui sont donc tout à fait sérieux. Au total, il faudrait donc 196 € pour un trajet à plat, sans tenir compte du dénivelé. J'arrondis à 200 €.

En réalité, le tracé à l'intérieur du tunnel est en faible pente, 6 ‰ à 10 ‰, pour une question d'évacuation des eaux d'infiltration, qui doivent pouvoir s'écouler facilement depuis le milieu du tunnel vers l'extérieur. Le dénivelé entre l'entrée du tunnel et le point le plus haut serait de 210 m environ, soit un surcoût d'énergie potentielle de 60 € pour la montée, sur la première moitié du trajet. Total dépensé pour cette montée : 160 €. À la descente, l'énergie potentielle dont dispose le train est inférieure à celle qui lui serait nécessaire pour rouler à plat. La locomotive doit continuer à tirer faiblement pour vaincre les frottements et tenir sa vitesse de croisière. Elle aura besoin de moins de courant, économisant la valeur de 60 € sur sa consommation, sans qu'il soit nécessaire de renvoyer du courant dans la caténaire, ce qui évite toute perte d'énergie. Que la locomotive et le réseau soient en mesure de récupérer l'énergie ou non, la dépense à la descente serait dans tous les cas de 40 €. Total 200 €, comme si l'itinéraire était rigoureusement plat.

Voilà un calcul qui peut paraître bien compliqué pour une question finalement assez secondaire. Pourtant, je suis assez satisfait du résultat. Au total, le coût de l'énergie serait au mieux de 100 € par la ligne actuelle munie d'une alimentation électrique ultra-performante, et il passerait à 200 € avec le nouveau tunnel. Au pire, si la récupération d'énergie n'est pas possible, les coûts de l'énergie seraient respectivement de 260 € et de 200 €, à l'avantage du nouveau tunnel.

J'arrive ainsi à la conclusion que dans tous les cas, la différence de coût énergétique ne dépasse pas 100 € pour un train de ce type, sans que je puisse dire avec certitude dans quel sens jouerait cette différence. Le nouveau tunnel pourrait aussi bien entraîner un surcoût qu'une économie, selon que le train puisse ou non utiliser la récupération d'énergie à la descente.

Faut-il en conclure que tous ceux qui mettent en avant les avantages énergétiques du nouveau tunnel se trompent complètement ? Pas du tout, et c'est justement pour expliquer cela que mes petits calculs me paraissent utiles. L'avantage énergétique ne vient pas directement du profil de plaine de l'itinéraire, mais du report modal qui est rendu possible par ce profil de plaine. Sans report modal, l'énergie en plus ou en moins, consommée par les trains qui emprunteraient le nouveau tunnel, au lieu de passer par Modane, représenterait peu de chose. Remplacer des dizaines de camions par un train rapporte beaucoup plus.

Le report modal de moyenne distance entre Lyon et Turin, qui est compté dans les avantages du programme Lyon-Turin, est déjà intéressant sur le plan énergétique. Mais je vois aussi le gain dû au report modal vers le rail sur longue distance, sur l'ensemble du continent européen, lié à tous les tunnels de base, parce que le fer est bien plus économe en énergie que la route. L'avantage économique qu'apporteront les nouveaux tunnels alpins aux exploitants ferroviaires, va leur permettre de retrouver une position compétitive sur le marché des transports, et cela devrait se traduire par un gain énergétique et un bilan carbone très favorable à l'échelle européenne.

Encore une fois, je ne prétends pas avoir fait une étude sérieuse, mais j'ai au moins la satisfaction de mieux comprendre les données mises à ma disposition. Je comprends mieux aussi les arguments des opposants qui mettent en doute certaines affirmations officielles : ils ont eu raison, cette fois encore, de le faire. J'ai trouvé une réponse à ma question : le coût de l'énergie n'est pas déterminant dans le total de l'économie d'exploitation permise par le nouveau tunnel. C'est bien ce qu'explique LTF dans son étude. Pour un train de 1 600 tonnes tractées, LTF parvenait à un coût total de 2 560 € par passage dans la situation actuelle. Dans la situation future, ce train n'aurait qu'une locomotive, il transporterait 1 160 tonnes de fret au lieu de 1 000 tonnes, en supposant une faible amélioration de la productivité. Il coûterait 1 760 € par passage, soit 800 € de moins selon LTF. Ces 800 € tiennent compte du supplément d'énergie de 96 € et d'un péage plus élevé de 200 € dans le nouveau tunnel, si bien qu'il y a en fait une économie d'exploitation, hors péages et hors énergie, de 1 096 €. Ce résultat est à rapprocher du coût des deux locomotives en renfort, qui seraient économisées.

Cela me confirme que l'économie d'exploitation tient essentiellement à l'amortissement du capital constitué par les locomotives nécessaires sur l'itinéraire actuel. Ce capital est triplé, du fait des locomotives supplémentaires, il est mobilisé pendant plus longtemps car la vitesse est faible, et tout cela pour une quantité réduite de marchandises transportées. Ces locomotives sont des machines sophistiquées, elles sont sollicitées au maximum de leurs possibilités, pour fournir une puissance de traction dix fois plus forte qu'à plat sur une faible portion du trajet où la pente dépasse 30 ‰, dans la montée. Si possible, elles doivent convertir l'énergie potentielle sur autant de kilomètres à la descente. Cela coûte très cher de mobiliser cette ressource pour passer les Alpes, indépendamment des kW/h qu'elles consommeraient ou économiseraient.

Ces résultats illustrent bien le constat que faisaient les cheminots : la principale difficulté pour les opérateurs consiste à trouver des locomotives supplémentaires pour un court trajet. Pendant longtemps, la SNCF disposait à Modane d'une quantité suffisante de locomotives affectées à ce service. Mais elles sont devenues une charge financière croissante au fur et à mesure que les trafics ont commencé à chuter. Ces locomotives ont trouvé une meilleure utilisation en étant affectées à l'autoroute ferroviaire alpine. Quant aux nouveaux opérateurs concurrents de la SNCF, ils ne disposaient pas de locomotives sur place, et la SNCF n'avait aucun intérêt à leur faciliter la tâche en leur louant son matériel.

Mais alors, si le problème vient de la disponibilité de ces locomotives, la solution consisterait peut-être à mutualiser le parc de ces locomotives en renfort.

UN SERVICE PUBLIC DE
LOCOMOTIVES DE POUSSE

Le groupe de travail « report modal » franco-italien, auquel j'ai souvent participé, a exploré une nouvelle piste, en demandant le lancement d'une étude sur la mise en place d'un service public de pousse. Si les États prenaient l'initiative d'organiser, pour tous les opérateurs ferroviaires, l'ajout de locomotives supplémentaires pour permettre à leurs trains de franchir la portion de ligne à forte pente, peut-être parviendrait-on à répondre à leurs besoins tout en maîtrisant le coût de ce service ? Je me souviens avoir défendu cette idée en pensant que si les États décidaient de participer au financement de ce service, cela pourrait bénéficier à tous les types de trains classiques. C'était peut-être mieux que de subventionner uniquement une autoroute ferroviaire de courte distance, qui rendait finalement davantage service au trafic routier qu'au mode ferroviaire.

Le dossier de la pousse ferroviaire a été confié en 2010 à un bureau d'études spécialisé dans la logistique. Le prestataire a commencé par définir différentes hypothèses d'évolution des trafics ferroviaires qui pourraient passer par Modane, afin de dimensionner le service et d'en évaluer le coût, à la charge des utilisateurs. Pour cela, il n'a pas lancé une véritable étude de trafic, à l'aide d'une modélisation, mais il a observé les flux routiers et ferroviaires franchissant l'arc alpin depuis vingt-cinq ans. Il a constaté qu'ils sont susceptibles de changer de point de passage en fonction des conditions qui leurs sont offertes, et qu'ils ont été très influencés par les mesures politiques prises notamment par la Suisse.

Les trains de transport combiné, reliant par exemple la Manche ou la mer du Nord à l'Italie, se sont détournés de Modane pour se reporter vers la Suisse grâce aux fortes subventions que ce pays leur accorde. Les rédacteurs du rapport citent le montant alloué en 2009 aux opérateurs : 164 millions de francs suisses (CHF) pour 23 664 trains, soit en moyenne 6 930 CHF par train (environ 5 000 € en 2010). La proposition d'un service de pousse à Modane serait-elle suffisamment attractive pour y faire revenir les trafics, se demandent-ils ?

Le bureau d'étude pose d'emblée cette question et poursuit son analyse en retenant plusieurs scénarios : le plus prudent prévoit en moyenne 51 trains par jour à Modane (deux sens confondus) et le plus optimiste, 91 trains par jour. C'est une large fourchette, qui suppose quand même que le trafic reparte à la hausse alors que la tendance est à la baisse depuis l'année record de 1997 (10 millions de tonnes de marchandises sur le fer à Modane). En 2008, le trafic était de 4,6 Mt, pour une moyenne de 41 trains par jour. Au moment de publier leur étude, les consultants ne connaissaient pas encore le trafic de 2009, qui est tombé à 2,4 millions de tonnes, avant de remonter à 3,9 Mt en 2010. Avec une fourchette de 51 à 91 trains par jour, ils font l'hypothèse que le tonnage transporté serait remonté entre 5,5 et 10 millions de tonnes par an environ.

À la fin de son étude, le prestataire conclut que la mise en place de locomotives de pousse conduirait à facturer le service aux opérateurs ferroviaires à un tarif prohibitif, pour les scénarios de trafic les plus faibles. Ceci s'explique par des coûts fixes importants nécessaires pour assurer la continuité du service, à répercuter sur un faible nombre de clients. Dans l'hypothèse de trafics plus élevés, il souligne que les résultats sont plus acceptables, mais attire l'attention sur les multiples facteurs qui peuvent influer sur l'équilibre financier du service. Par exemple, le déséquilibre des trafics, qui sont plus importants dans le sens France-Italie que dans le sens Italie-France, oblige de nombreuses locomotives à revenir seules à leur point de départ, ce qui entraîne des frais supplémentaires. La commission intergouvernementale, à laquelle le groupe « report modal » a rendu compte de son travail, n'a pas donné suite à cette étude.

Il me paraît assez évident aujourd'hui que cette solution manquait totalement de soutien politique. Elle ne pouvait bénéficier qu'au trafic des marchandises, alors que beaucoup de ceux qui estimaient le nouveau tunnel indispensable, pensaient encore au TGV, même s'ils avaient compris que le fret leur donnait un argument supplémentaire. L'Europe, avec l'importance qu'elle accorde aux logiques de marché, aurait montré des réticences face à ce service obligatoire. Au sein de la commission inter-gouvernementale, les seuls membres qui auraient pu soutenir cette idée sont les représentants des ministères des finances, qui ont toujours cherché à retarder la décision de construire ce tunnel. Pourquoi n'ont-ils pas insisté pour approfondir cette hypothèse ? Je pense que cela aurait été en contradiction avec leur argumentaire principal pour contester le projet, qui reposait sur l'estimation des trafics futurs, qu'ils jugeaient trop optimiste. Ils ne pouvaient pas tabler sur des trafics en augmentation pour défendre un service de pousse qui aurait été fortement déficitaire sans cette augmentation.

Cela ne m'a pas empêché d'approfondir les résultats de l'étude pour alimenter ma propre compréhension des coûts de revient du transport ferroviaire sur la ligne de montagne. Je lis dans le rapport d'étape de juillet 2010 que, dans le scénario le plus favorable, le coût auquel reviendrait le service de pousse serait de 370 € par locomotive. C'était un peu moins que le coût résultant de mes estimations sommaires, ou du calcul présenté simultanément par LTF, et cela me paraissait encourageant.

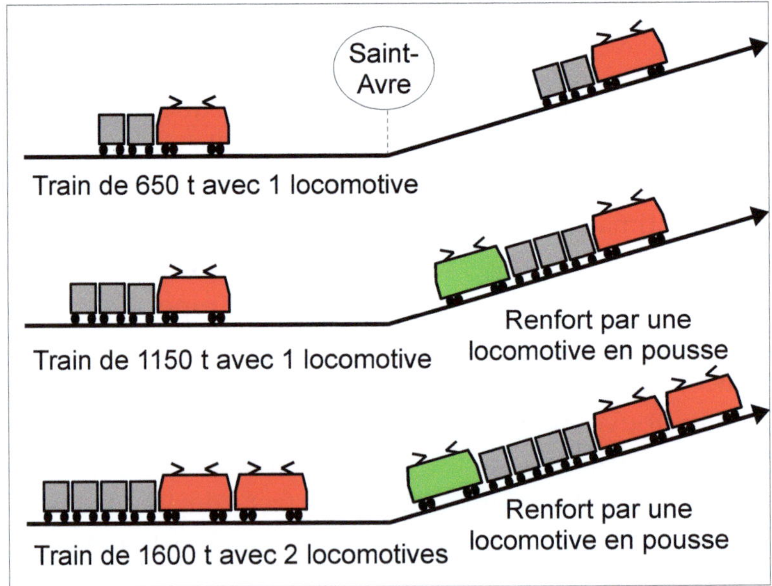

Illustration 11: Le service public de locomotives de pousse.

Dans leur étude, les consultants ont fait l'hypothèse que le service consisterait à ajouter une seule locomotive de pousse à l'arrière de tous les trains dont le tonnage dépasse 650 tonnes. Pour les trains dont le tonnage est compris entre 650 tonnes et 1 150 tonnes, cela suffit, puisqu'il faut deux locomotives au total : ils supposent donc que ces trains se présentent avec une seule locomotive, et font tous appel à la locomotive de pousse du service public. Entre 1 150 tonnes et 1 600 tonnes, il faut trois locomotives. L'hypothèse est donc que tous ces trains se présentent avec déjà deux locomotives en tête, et en prennent une troisième, en pousse, pour franchir le relief.

Ils expliquent que c'est la configuration la plus favorable, car elle permet aux locomotives de pousse de tourner au maximum de leur temps. L'hypothèse de trafic du scénario le plus optimiste est de 91 trains journaliers, deux sens confondus. Sur ce total, 19 font moins de 650 tonnes et peuvent donc passer sans renfort. Il en reste donc 72 qui utiliseraient une locomotive de pousse, dont 49 entre 650 et 1 150 tonnes et 23 entre 1 150 tonnes et 1 600 tonnes.

Ils estiment qu'il faudrait un parc de 9 locomotives de pousse. Chacune pourrait effectuer au maximum 9 trajets par jour, avec trois équipes tournant en trois-huit, sur la base d'un temps de trajet de 1 h 30 mn entre Saint-Avre, 10 km en aval de Saint-Jean-de-Maurienne, et Bussoleno (soit 96 km). Ils ajoutent deux fois 20 mn de manœuvres d'accrochage et de décrochage et un arrêt technique de 15 mn à Modane. Total 2 h 25 mn. Soit 21 h 45 mn, pour 9 trajets, sur 24 heures : la locomotive tourne pratiquement en permanence et il lui reste bien peu de marge en cas d'incident ou de retard sur la ligne.

Théoriquement, cela semble possible, mais pour y parvenir, c'est la locomotive qui imposerait son horaire de départ aux trains à pousser. Ceux-ci risquent d'attendre longtemps, s'ils ne sont pas parfaitement répartis dans la journée. Quant aux trains de voyageurs, ils semblent oubliés : doivent-ils laisser systématiquement la priorité aux trains de marchandises, pour ne pas perturber leurs horaires ?

Les consultants précisent, dans leur étude, qu'ils ont retenu un service à caractère industriel, afin d'optimiser l'utilisation des moyens, 24 h sur 24, 365 jours par an. Autrement dit, le trafic est prié de s'adapter aux moyens disponibles. Il ne doit pas dépasser la capacité maximale du service qui serait de 81 trains par jour, tout en atteignant une moyenne sur l'année de 72 trains par jour.

Pour justifier leur choix, ils évoquent l'autre hypothèse, à caractère « d'intérêt général », qui consisterait à augmenter fortement les moyens disponibles, pour que chaque train soit certain de trouver immédiatement une locomotive pour le pousser, en tenant compte des variations de trafic. Ils disent seulement que cette approche serait très différente ! Je peux facilement imaginer qu'il faudrait probablement doubler les moyens disponibles pour le même volume de trafic, ce qui reviendrait à doubler également le prix de vente du service.

Certes, le mode ferroviaire est par nature un mode organisé, dans lequel il faut réserver son sillon très longtemps à l'avance, et il ne semble pas impossible de prévoir des horaires précis pour le passage des Alpes. Hélas, une telle contrainte va se heurter à une multitude d'autres impératifs tels que le cadencement des trains de voyageurs, la saturation de certaines portions du réseau ou la nécessité de prévoir des périodes d'entretien des voies. Déjà, le problème majeur du fret ferroviaire est justement son manque de souplesse. À force de rajouter des contraintes, on s'éloigne encore davantage de la tendance du marché, qui est fluctuant et qui exige de la réactivité.

Malgré tout, je poursuis ma réflexion. C'est une des grandes orientations de la politique des transports : avant de programmer un investissement lourd, il est indispensable d'explorer toutes les solutions permettant de tirer le meilleur parti des infrastructures existantes. C'est aussi mon tempérament naturel : je retarde au maximum le remplacement de tout ce qui tombe en panne à la maison, je préfère toujours réparer, même si cela ne repousse que de quelques mois le moment d'un nouvel achat. Si un service public de renfort en locomotives est économiquement acceptable pour la collectivité, il faudrait le mettre en place, au moins pour quelques années. La construction du nouveau tunnel pourrait alors attendre un peu.

L'étude que j'ai entre les mains me semble trop optimiste et je crois nécessaire de prendre un peu de marge, notamment au niveau du parc de locomotives à acquérir, et du nombre d'équipes de conducteurs.

Au lieu de 370 € de coût de revient, j'ai envie de mettre 500 € par locomotive, ce qui correspond à une marge d'à peu près 40 %. Cela me semble raisonnable pour obtenir un peu plus de robustesse du service, permettant de faire face à des aléas et de tenir compte des contraintes d'entretien du réseau. Les horaires de passage resteraient néanmoins imposés par le service, comme l'ont imaginé les consultants, pour utiliser au mieux les locomotives. Je suis bien conscient que mes petits calculs n'ont pas une grande valeur : ma démarche est bien peu rigoureuse, mais j'aime utiliser des chiffres ronds, qui permettent de retenir des ordres de grandeur approximatifs. Ils ont le gros avantage, à mes yeux, de ne pas prétendre comporter une précision illusoire. Je retiens donc que la mutualisation quasi-totale des besoins de renfort en locomotives pourrait conduire à un coût de l'opération d'environ 500 € par passage pour une locomotive supplémentaire, ou 1 000 € pour deux locomotives.

Dans mon esprit, ce service de locomotives de pousse ne serait pas une prestation commerciale, proposée et facturée à des clients transporteurs ferroviaires. C'est une « facilité essentielle » au sens européen, c'est-à-dire qu'il s'agit d'une forme de compensation liée à une insuffisance de l'infrastructure ferroviaire, dont la pente dépasse les normes habituelles. C'est pourquoi je pense qu'il devrait être pris en charge par les États, et gratuit pour les utilisateurs. Avec ces nouvelles données, j'arrive à un chiffre d'affaire moyen de 35 000 € par jour, soit 13 millions d'euros par an, pour une capacité de transport de 10 millions de tonnes environ. Voilà un budget comparable à celui des subventions accordées à l'AFA, l'autoroute ferroviaire alpine, mise en place fin 2003, par les deux États.

La grande question reste de savoir quel effet aurait ce service sur les trafics. Parviendrait-on à revenir à 10 millions de tonnes transportées par an ? L'AFA concentre l'aide publique sur un petit nombre de trains, dix par jour au maximum, en leur accordant une subvention unitaire de l'ordre de 8 000 € (500 € par remorque pour 16 remorques en moyenne par train).

Ceci permet de rendre l'AFA moins chère que la route. Le trafic supplémentaire reporté sur le rail est faible, environ 0,5 million de tonnes par an, mais il est maintenant bien installé, après des débuts difficiles et des ajustements de tarif qui ont abouti à ce niveau de subvention. Au contraire, la mise en place du service de pousse ne garantit pas que le trafic reprendra, puisque l'aide effective pour l'opérateur reste limitée, de l'ordre du millier d'euros par train. Rien ne prouve qu'elle sera suffisante pour rendre le rail plus attractif que la route. Le risque est grand que rien ne change. Peut-être aurait-il alors été nécessaire de rajouter une subvention de plusieurs milliers d'euros par train pour attirer efficacement le trafic, comme le font les Suisses.

Mais, même dans l'hypothèse la plus favorable, il s'agirait d'une solution bien peu ambitieuse. Ce service ne s'adresse qu'à des trains de petite taille, tels qu'ils se présentent actuellement sur la ligne de montagne, alors que je pense que l'avenir du fret ferroviaire passera obligatoirement par une plus grande massification des trains. Lorsqu'un opérateur remplace sur un parcours long (1 000 km) deux trains de 1 000 tonnes tractées (qui lui coûtent 10 000 € chacun avec une locomotive) par un train de 2 000 tonnes (à 14 000 € avec deux locomotives), comme il peut le faire sur un itinéraire de plaine, il économise 6 000 €, nettement plus que la réduction de coût apportée par une optimisation de la pousse.

Je rejoins ainsi le raisonnement que faisait M. Margery avec son concept R-shift-R : la meilleure façon de relancer le fret ferroviaire consiste à concevoir des trains à la fois plus rapides et plus massifs qu'aujourd'hui, sur des infrastructures capables de les accueillir. C'est également ce que préconise l'association

FerrMed, issue du monde de l'entreprise, en demandant la généralisation des trains de 1 500 m de long sur les grands axes européens entre la Mer du Nord et la Méditerranée.

En poursuivant ma réflexion, j'arrive à la conclusion que le service de pousse qui serait nécessaire, en l'absence du tunnel de base, devrait pouvoir s'adresser à des trains d'une masse tractée comprise entre 2 000 et 4 000 tonnes, comme ceux que prévoient les Suisses sur l'axe du Gothard. Si un train de 4 000 tonnes se présente avec deux locomotives, il faudrait pouvoir lui en ajouter cinq ou six supplémentaires, en les répartissant de façon adéquate sur la longueur du train pour éviter les ruptures d'attelages. Ce serait l'usine à gaz ! Une perte de temps importante, des manœuvres réduisant la capacité de la ligne, surtout si cela conduit, in fine, à découper le train en plusieurs morceaux. Sans compter la complexité de l'organisation et les risques encourus. Bref, une solution très dissuasive pour attirer le trafic sur le rail, en comparaison des tunnels de base suisses ou autrichiens qui seront en service. Ces réflexions m'aident à comprendre pourquoi, comme la rame R-shift-R, ce service public de pousse est resté dans la grande poubelle de Kingdon.

LE COURANT POLITIQUE

LA BOULE DE NEIGE

Nous voyons bien évoluer le courant des problèmes et celui des multiples solutions, qui se croisent au fond de la poubelle où ils cohabitent sans vraiment se rencontrer. Mais comment se présente le troisième courant, le courant politique et son agenda décisionnel, qui concrétiseraient l'engagement de « faire maintenant quelque chose pour améliorer la situation » ?

Je crois que c'était vers 2005, en marge d'une réunion de la commission inter-gouvernementale à Rome. J'ai entendu le chargé de projet, responsable du Lyon-Turin au ministère, faire la réflexion suivante : « La boule de neige est devenue si grosse que rien ne l'arrêtera désormais, elle continuera jusqu'en bas de la montagne ». Je me suis senti un peu frustré par cette idée que personne ne maîtrisait plus le cours des choses. Et impossible de savoir, en l'entendant formuler ce constat, s'il pensait qu'il fallait s'en réjouir ou le regretter. En tout cas, il semblait sûr de lui en affirmant cela.

Si cette image est restée gravée dans ma mémoire, c'est qu'en y réfléchissant, elle était bien vue. Elle illustrait la progressivité des événements qui se sont ajoutés les uns aux autres et qui ont fini par former une décision, sans qu'on puisse dire exactement à quel moment elle a été prise. La boule de neige grossit en dévalant la pente, elle avale tout sur son passage, neige, cailloux, arbres, rochers. Au début, elle peut se disloquer si elle n'est pas assez solide, et alors, elle s'arrête. Ce qui la fait tenir, c'est son poids qui compacte la neige, sur laquelle elle roule, et qu'elle absorbe sur son passage. Bien sûr, ce n'est qu'une image, mais l'image permet parfois de mieux comprendre ce qu'il se passe.

Que pèsent au départ une étude de trafic, un tracé sur une carte ou un sondage géologique ? Pas grand-chose, tant qu'ils ne sont pas appuyés par une prise de position politique, d'un élu qui s'engage en faveur du projet. Mon collègue avait constaté, comme nous tous, l'accumulation des déclarations publiques des présidents François Mitterrand et Jacques Chirac, qui avaient pris position pour le Lyon-Turin. Les anciens ministres Pierre Dumas, vice-président de la région, et Louis Besson, maire de Chambéry, avaient également mis tout leur poids pour faire avancer le dossier. L'Italie additionnait aussi les prises de position politiques des présidents du Conseil ou des responsables territoriaux de tous bords. La droite et la gauche, ainsi que les écologistes, comme M. René Dumont, se rejoignaient pour soutenir le projet. Cela a sans doute contribué à la solidité de la boule de neige.

Nous sentions très bien l'ambiance particulière des réunions bi-nationales, qui renforçait le poids des paroles prononcées par le représentant d'un des pays, du fait qu'elles sont écoutées par la délégation de l'autre pays. La délégation française se réunissait toujours avant de rencontrer la délégation italienne, afin de valider ce qui pouvait être dit en séance en présence de l'Italie. Il fallait éviter tout ce qui pourrait apparaître comme un désaccord entre ses membres. Ce mode de fonctionnement rendait nécessaire de fréquents arbitrages entre ministères, ce qui est le rôle du Premier ministre. C'est finalement cela qui était illustré par l'image de bien tasser la neige au passage de la grosse boule ! Et dans le dossier Lyon-Turin, la neige est abondante. Le nombre d'études de toutes sortes, de contributions, d'avis, d'expertises est impressionnant. Les prises de positions politiques qui ont jalonné la vie du projet sont la partie visible de l'iceberg formé par tous les points de vue qui se sont exprimés, qu'ils soient favorables ou opposés au projet.

La boule de neige poursuit aujourd'hui son chemin, elle garde toute son énergie en direction de l'ouverture du tunnel de base. Aura-t-elle encore assez d'élan pour entraîner avec elle la construction des lignes nouvelles d'accès ? Je n'ai pas demandé à mon collègue où se situait le bas de la montagne, qui verrait s'arrêter la boule de neige !

Je pense qu'un effet d'entraînement reste possible, mais je ne suis pas sûr qu'elle soit assez solide pour rester en un seul bloc, pour les décisions qui concerneront les accès. J'ai constaté que la belle cohésion politique autour du Lyon-Turin s'était dangereusement fissurée vers 2012, avec le changement total d'attitude des associations et des élus écologistes. Leur subite opposition au projet m'a d'autant plus surpris que je gardais en bonne place, dans les étagères de mon bureau, le livre blanc que les associations alpines avaient publié en mai 1997, sous le titre « Transports internationaux en montagne : sortir de l'impasse ».

Ce bel ouvrage a été réalisé conjointement par le club alpin français, les amis de la nature, l'association pour le respect du site du Mont-Blanc, France nature environnement, la commission internationale pour la protection des Alpes, la fédération nationale des associations des usagers des transports (FNAUT), Initiative transports Europe et Mountain Wilderness. Le projet Lyon-Turin y figurait en bonne place, parmi les investissements nécessaires en faveur du mode ferroviaire, en complément de mesures tarifaires et réglementaires ambitieuses. Seule la FNAUT est restée favorable au projet quinze ans plus tard.

La mise à l'enquête d'utilité publique des accès français, en 2012, a-t-elle renforcé leur perception des aspects destructeurs du tracé sur l'agriculture et les milieux naturels ? A-t-elle brouillé l'intérêt à leurs yeux de ces coûteux investissements ?

Le courant politique a ses propres mouvements, comme le rappelle Kingdon, et son propre calendrier. À cette période, les partis se réclamant de l'écologie avaient également besoin de marquer leur différence par rapport aux partis au pouvoir, au niveau régional comme national. Je respecte ces cheminements, qui montrent la vitalité de notre démocratie. Je cherche à en tirer les leçons. Ils se sont désolidarisés d'un dossier reposant sur une approche qui restait centrée sur la grande vitesse et sur une croissance surévaluée des trafics. Cela m'a plutôt conforté dans ma recherche d'une autre vision du Lyon-Turin que celle que nous avions présentée en 1993.

LE DÉBAT PUBLIC DE 1993

Le projet Lyon-Turin a été l'un des premiers à bénéficier d'un débat public sur l'intérêt de l'ouvrage, au début de son histoire. En 1990 et 1991, la SNCF a été contrainte de revoir significativement le tracé de la ligne à grande vitesse Méditerranée, entre Valence et Marseille. Elle avait imaginé faire passer le TGV dans les vignobles des Côtes du Rhône, ce qui a provoqué d'importantes manifestations. Les opposants ont obtenu gain de cause : la SNCF a proposé un nouveau tracé, plus à l'ouest, qui était plus coûteux et plus long, ce qui réduisait un peu l'intérêt économique de l'ouvrage. La décision de le modifier a quand même été prise, et cela a conduit l'État à différer la réalisation d'une partie du tracé en direction de Montpellier, et à changer le mode de financement de l'ouvrage en introduisant une subvention publique.

Suite à ces événements, le ministre de l'équipement, du logement et des transports de l'époque, Jean-Louis Bianco, a institué l'obligation de mener un débat « transparent et démocratique » sur l'intérêt économique et social des projets avant d'en lancer les études de tracé. Son objectif était d'éviter des remises en cause tardives, sources de pertes de temps et de dépenses supplémentaires.

C'est ainsi que M. Paul Bernard, préfet de la région Rhône-Alpes, a lancé le débat sur le « projet de nouvelle liaison ferroviaire Lyon-Turin » en invitant environ cinq cents personnes à une réunion-débat, le 28 mai 1993 à Eurexpo, dans la banlieue

Est de Lyon. Des réunions départementales ont suivi, sous le regard attentif d'une commission de sages, chargés de garantir l'ouverture et le sérieux du débat. À ce stade, les premières études de tracé avaient déjà commencé, mais aucune décision n'était prise, ce qui laissait toute latitude pour prendre en compte les apports du débat et appliquer la réforme des procédures découlant de la circulaire Bianco.

À l'issue du débat, le ministre Bernard Bosson a décidé de poursuivre les études. Il invoqua le large consensus enregistré sur le bien-fondé économique et social du projet. Un cahier des charges a été approuvé par décision ministérielle du 7 février 1994, de façon à fixer les grandes caractéristiques du projet, en imaginant peut-être qu'ainsi, elles ne seraient plus remises en cause : le Lyon-Turin était une liaison dédiée au trafic à grande vitesse, à l'exception du tunnel de base qui serait mixte voyageurs et marchandises. La section Lyon - Montmélian était prioritaire, puis le tunnel de base, puis la section comprise entre les deux précédentes, de Montmélian à Saint-Jean-de-Maurienne.

La première demande de modification du cahier des charges n'a pas tardé. Le 28 juin 1994, lors de l'inauguration de la gare TGV de l'aéroport de Lyon-Satolas, le Premier ministre Édouard Balladur annonça l'ajout de deux éléments complémentaires dans les études : la liaison Montmélian - Genève (le sillon alpin nord, en ligne nouvelle), et une réflexion sur le fret, avec une autoroute ferroviaire entre Ambérieu-en-Bugey et le tunnel de base. Ces compléments d'études ont été commandés à la SNCF le 14 avril 1995.

LE GIP TRANSALPES

Lors de cette inauguration à Satolas, le président de la région, M. Charles Millon, obtint également l'accord du Premier ministre pour créer une structure d'étude spécifique travaillant, parallèlement à la SNCF, sur les aspects intéressant l'aménagement du territoire régional. Un GIP (groupement d'intérêt public) fut créé le 20 septembre 1995 entre la région Rhône-Alpes, la SNCF, la région Piémont, les sociétés autoroutières alpines et la chambre de commerce de Lyon. C'était la première fois qu'un projet serait étudié avec une double approche, celle du maître d'ouvrage ferroviaire, et celle des acteurs du territoire où s'implantera le projet. Mais il fallait respecter la loi d'orientation des transports intérieurs (la LOTI) qui donnait à la SNCF la responsabilité et le contrôle des études concernant le réseau national. Le GIP a dû limiter ses apports aux domaines de l'aménagement, du développement économique, de la cohérence des transports régionaux et transfrontaliers et aux aspects financiers. La présence constante de ce GIP aux côtés de la SNCF, a néanmoins fait évoluer l'orientation générale des études : le TGV n'occupait plus toute la place, laissant la leur aux transports économiques et aux voyages du quotidien.

Le GIP Transalpes a vécu de 1995 à 2001, peu de temps finalement par rapport à la durée des études, mais suffisamment pour mettre en place un pilotage régional du projet et insuffler une dynamique qui a probablement largement contribué à l'avancement des décisions. Son président fondateur, M. Pierre Dumas, ancien ministre, vice-président du conseil régional

Rhône-Alpes chargé des transports, tenait les réunions du GIP Transalpes à l'aéroport de Satolas, dans la gare TGV inaugurée en juin 1994. Le lieu était symbolique : le bâtiment de la gare, magnifique oiseau prenant son envol, dessiné par l'architecte Santiago Calatrava, avait été financé par la région, pour mettre en valeur un site de transport multimodal, au carrefour des grands corridors européens.

C'est là que fut signé, le 19 mars 2002, le premier protocole de financement de la section française du Lyon-Turin, par les présidents des grandes collectivités régionales et en présence du ministre Jean-Claude Gayssot. Cette signature était une belle réussite. Pour beaucoup de projets, la mise au point de la répartition des financements vient en dernière étape, et retarde souvent le lancement des travaux. Pour le Lyon-Turin, la région avait réussi à rassembler tous les financeurs dans un bel élan commun, pour faire avancer le projet dans sa partie française.

Je me revois dans cette belle salle de réunion toute vitrée, en train de modifier et d'imprimer en dernière minute le texte du protocole d'accord. Le ministre Gayssot était arrivé à l'aéroport à 9 h. De 9 h à 10 h, il rencontrait les exécutifs des collectivités territoriales pour signer le texte. Le président du conseil général de l'Ain, M. Jean Pépin, avait créé la surprise en demandant lui aussi à participer au financement du projet. Il mettait 7,62 millions d'euros sur la table, pour le financement de la liaison à grande vitesse entre Lyon et le sillon alpin, estimée à 1,84 milliards d'euros. Geste symbolique, mais très apprécié par les autres financeurs. La région, les départements du Rhône, de la Savoie, de la Haute Savoie, de l'Isère et de l'Ain, les agglomérations de Lyon, Grenoble, Chambéry, Annecy et les communes du Lac du Bourget, s'engageaient à apporter au total 586,9 millions d'euros pour cette liaison voyageurs. L'État s'engageait à mettre la même somme que l'ensemble des collectivités locales, selon une règle de parité qui n'est pas écrite, mais qui est devenue habituelle pour ce type de projets, après déduction des participations prévues de Réseau ferré de France (qui a succédé à la SNCF en 1997) et de l'Europe. Outre cette ligne nouvelle pour les voyageurs, le protocole actait le financement par l'État du tunnel de la Chartreuse, pour le fret.

La signature se passa dans la bonne humeur ! Puis les signataires participèrent à la réunion du comité de pilotage des études du projet, convoqué sur place à 10 h 15. Comité présidé par le préfet de région, M. Michel Besse, et la présidente du conseil régional, Mme Anne-Marie Comparini, conformément aux accords passés lors de la création du GIP Transalpes. Ce dernier avait été dissout peu de temps auparavant, mais le principe d'un double pilotage des études est demeuré.

« Jamais nous n'avons vécu de période aussi fructueuse » déclara le ministre. Il annonça qu'il venait de signer l'approbation des études de la ligne Lyon - sillon alpin. Il voyait l'ouverture du tunnel de base en 2012, et de la partie française, objet du protocole qu'il venait de signer, en 2010. Sa politique des transports visait un doublement du fret ferroviaire en dix ans, sur la globalité du territoire national, avec la volonté d'aller plus loin en zones sensibles. Dans les Alpes, il souhaitait multiplier par quatre le trafic des marchandises sur le rail. Il fallait terminer la réunion à midi, car le ministre se rendait à 14 h à Aiton pour lancer les travaux de la plateforme d'autoroute ferroviaire Modalohr, puis à Modane pour une visite de chantier.

Le courant politique passait bien entre le ministre et les élus locaux. Pourtant, treize ans plus tard, en 2015, la partie française du projet était repoussée au-delà de 2030, alors que le tunnel de base était officiellement lancé. Kingdon nous dirait que ce courant fort n'était probablement pas parfaitement aligné avec un problème et une solution bien identifiés. Cela me paraît évident aujourd'hui.

Le ministre pensait surtout, me semble-t-il, au développement du trafic des marchandises, et au service d'autoroute ferroviaire Modalohr qu'il venait de décider. Il disait que la plateforme d'Aiton était une première étape, qui serait suivie de la construction d'autres sites de chargement plus à l'Ouest. Le tunnel sous la Chartreuse allait en effet permettre de contourner Chambéry et d'augmenter les fréquences et la distance de transport des camions sur le fer. Les élus locaux pensaient d'abord au TGV et à la desserte des Alpes, pour le développement de leurs territoires.

Le projet Lyon-Turin était une galaxie trop complexe, dans laquelle chacun pouvait voir l'avenir qu'il appelait de ses vœux, sans que les éventuelles contradictions n'apparaissent au grand jour. Jean-Claude Gayssot avait compris, avec un temps d'avance sur les services du ministère, l'intérêt que pouvait présenter le Lyon-Turin pour relancer le fret ferroviaire. Il avait pourtant reçu un appel à la prudence avec la publication par ses services du « rapport Brossier ».

LE RAPPORT BROSSIER

En septembre 1997, le ministre Jean-Claude Gayssot commande à M. Christian Brossier, président des directeurs dans le domaine des transports de son ministère et membre du conseil général des ponts et chaussées, une analyse multimodale des problématiques de transport dans les Alpes. Il se réfère à la convention alpine de 1991, et souhaite une réflexion globale et multimodale dans ce secteur. Il estime en effet qu'un projet comme le Lyon-Turin ne peut se réaliser que dans le cadre d'une politique cohérente à cette échelle.

Le rapport est publié en mai 1998, sous le titre « la politique française des transports terrestres dans les Alpes ». On l'appelle plus simplement le rapport Brossier. Il recommande la plus grande prudence sur le projet Lyon-Turin : il préconise une stratégie de « veille active ». Je vois bien ce que signifie mettre un ordinateur en veille ... Le travail en cours reste en mémoire, mais il ne se passe plus rien. Quant à l'adjectif « active » qui lui est ajouté, il signifie, dans ce rapport, la mise en place de la « mission des Alpes », au sein du ministère de l'équipement. Elle serait chargée de suivre en continu les évolutions du trafic et de ses prévisions, en lien avec les autres pays alpins, de façon à pouvoir réveiller le projet au moment opportun. Les rapporteurs ne cachent pas leur conviction que cela pourrait durer longtemps, tout en faisant preuve d'une grande prudence dans leur analyse.

Les auteurs de ce rapport, Christian Brossier, Jean-Didier Blanchet et Michel Gérard, développent un raisonnement parfaitement structuré et argumenté. La convention alpine exprime un vœu de transfert des transports de marchandises de la route vers le rail pour des motifs environnementaux. Mais cette ambition se heurte à la réalité, qui est que le marché donne la priorité à la route depuis une cinquantaine d'années, et que les investissements nécessaires pour développer le rail sont extrêmement coûteux. Or, observent-ils, les flux de marchandises à travers les Alpes se répartissent entre les différents points de passages en fonction de données de nature politique, de tarification ou de réglementation, qui les rendent très inter-dépendants. Dans ce contexte, les pays alpins ont des stratégies différentes. La Suisse est liée par l'introduction dans sa consti-tution de l'obligation de limiter la traversée des Alpes par les poids lourds, suite à la votation de l'initiative des Alpes. Elle finance deux tunnels ferroviaires de basse altitude, grâce à une nouvelle taxation des circulations routières. En attendant leur ouverture, elle subventionne fortement le trafic ferroviaire sur les itinéraires actuels, avec notamment des autoroutes ferro-viaires de grande capacité. Après leur ouverture, les nouveaux tunnels absorberont inévitablement une part importante des trafics des pays voisins, France et Autriche. Dès lors, un nouveau tunnel entre la France et l'Italie ne sera réellement nécessaire que lorsque les autres passages seront saturés, à la fois les tunnels routiers (Mont-Blanc et Fréjus) et le tunnel ferro-viaire de Modane, perspective qui sera ralentie par l'attractivité des tunnels suisses.

Ils évaluent donc les capacités des différents tunnels, et les comparent aux prévisions de trafic. Pour les tunnels routiers, un espacement minimum entre les poids lourds est nécessaire pour une question de pollution. Par prudence, ils opèrent un abattement d'un tiers sur la capacité théoriquement acceptable, et retiennent 48 Mt (millions de tonnes) au Fréjus et 20 Mt au Mont-Blanc (en effet, la ventilation est plus puissante au Fréjus). Ils font néanmoins remarquer que les camions deviennent de moins en moins polluants, et que peut-être, dans l'avenir, il sera possible d'augmenter leur nombre dans le tunnel sans dépasser les normes de pollution.

Les trafics observés en 1996 sont de 12,4 Mt au Fréjus et 12,6 Mt au Mont-Blanc. Pour 2010, les prévisions varient, selon les sources, sans dépasser 20 Mt pour chacun des tunnels.

Ils estiment qu'il faut raisonner globalement sur les deux tunnels, à condition de bien informer les chauffeurs et de les inciter à emprunter l'itinéraire le moins chargé. Ils concluent que les tunnels routiers disposent d'une réserve de capacité « assez large ». C'est peu dire : leurs chiffres permettraient globalement de multiplier par trois le trafic existant des poids lourds dans ces tunnels.

La capacité du tunnel ferroviaire est plus difficile à évaluer. Ils retiennent 16 Mt par an, en précisant que cette valeur est très prudente et que des investissements limités pourraient l'augmenter considérablement. Les prévisions de trafic pour 2010 vont de 10 à 25 Mt, selon le contexte retenu pour les traversées suisses. Les prévisions les plus élevées correspondent à un abandon des projets en cours par la Suisse, ce qui ne leur paraît pas crédible. Cela leur fait dire que la capacité maximale ne sera certainement pas atteinte avant 2017, et à cette date, il restera de la capacité sur les passages routiers. La durée de construction d'un nouveau tunnel étant de 11 ans, aucune décision n'est nécessaire avant 2006, dans le cas le plus défavorable, selon leur vision du problème de la saturation.

Leur raisonnement est parfaitement clair. Il est aussi suffisamment nuancé, dans la mesure où ils admettent que l'avenir pourrait être différent si des mesures politiques fortes étaient prises en France, en faveur du mode ferroviaire, comme en Suisse.

M. Michel Gérard, co-rédacteur du rapport, est venu à Lyon quelques mois après sa publication, à la demande du conseil régional, pour lui présenter ces conclusions. Son exposé a été salué pour son sérieux et sa rigueur d'analyse. Mais la présidente Mme Comparini lui a fait remarquer que la répartition des trafics annoncée par ce rapport signifiait tout simplement que les passages alpins français auraient toujours plus de camions polluants et que les Suisses auraient les trains propres. Cela ne lui convenait absolument pas.

En réfléchissant aujourd'hui au rôle qu'a pu jouer ce rapport dans le schéma de Kingdon, je dirais qu'il n'a pas véritablement affaibli les courants politiques favorables au Lyon-Turin. Par contre il a nourri les oppositions, en leur donnant un argument de poids pour conforter leur sentiment d'inutilité du projet. C'est un rapport d'ingénieurs. Je ne le reçois pas comme l'expression d'un courant politique, mais comme une proposition de solution, répondant notamment à des problèmes budgétaires, consistant à retarder au maximum les investissements, en utilisant les capacités des infrastructures existantes les moins saturées.

Les rapporteurs ont expliqué avoir pris la liberté d'intituler leur rapport « la politique française des transports », alors que le ministre leur avait demandé une « analyse multimodale des problématiques de transport ». Mais les responsables politiques ne s'y sont pas reconnus. Je note par exemple que le terme « multimodal » se limite, dans ce rapport, à la possibilité d'utiliser indifféremment la route ou le rail en toute liberté, alors que dans la bouche du ministre, ce terme évoquait une action volontariste de transfert du trafic routier sur le rail. En invoquant le « principe de réalité » pour estimer que les ambitions de la convention alpine devront subir quelques « transgressions », ils attachaient bien peu de poids au résultat de négociations approfondies entre les représentants de huit pays alpins et de l'Union européenne. Je ne remets pas en cause leur analyse, qui était utile et même indispensable pour éclairer l'élaboration d'une politique. Probablement d'autres ingénieurs ou économistes avaient-ils produit des analyses comparables avant la signature de la convention alpine. Mais ne confondons pas une analyse, aussi juste soit-elle, et une politique.

Le rapport Brossier s'appuie essentiellement sur les modèles économiques développés pour estimer la rentabilité des projets. Ces modèles sont les meilleurs outils dont nous disposons à l'heure actuelle pour éclairer les décisions, mais ils ne sauraient remplacer la volonté politique. Je salue la prudence des trois experts sur les chiffres issus de ces modèles, qui témoigne d'une grande honnêteté par rapport aux limites du calcul. Mais je constate qu'ils restent enfermés dans la problématique contenue dans ces modèles, qui est assimilable à de la mécanique des fluides : il faut que les flux puissent passer par les tuyaux, en choisissant librement le chemin le plus économique en temps et en coût, sans se soucier des effets externes de leurs choix.

Le grand problème de ces modèles est qu'ils ne permettent pas d'évaluer le report modal lié aux projets. Je reviendrai plus en détail sur ce point précis, car il est fondamental pour comprendre le résultat des nombreuses études économiques sur le Lyon-Turin. On en a déduit à tort qu'elles démontraient l'absence de report modal lié au projet, alors que c'est une hypothèse de départ, induite par la structure même des modèles de trafic.

Sur le plan politique, le rapport Brossier a été complètement éclipsé par l'incendie meurtrier du tunnel du Mont-Blanc, le 24 mars 1999. Le tunnel est resté fermé pendant trois ans après cet incendie. Sa réouverture aux camions a été retardée d'encore un an, et s'est faite de façon très progressive, d'abord en alternat, puis avec des mesures de régulation importantes. Depuis, la capacité du tunnel est limitée par une obligation d'interdistance de 150 m entre les véhicules, pour diminuer le risque de propagation du feu en cas d'incendie. Cette norme, beaucoup plus contraignante que la pollution, est également appliquée au tunnel du Fréjus, pour les mêmes raisons, même si la ventilation y est plus puissante.

Le rapport Brossier minimisait les objectifs environnementaux et la question des trafics de marchandises. Il accordait plus d'importance à la dimension voyageurs. Les TGV étant moins sensibles à la pente que les trains de fret, le rapport suggérait d'étudier le doublement du tunnel de faîte de Modane, au lieu d'envisager un tunnel de base. Pour la partie française du projet, il donnait la priorité à un premier tronçon de ligne à grande vitesse entre Lyon et Lépin-le-Lac, qui offrait la meilleure rentabilité, et méritait d'échapper à la mise en veille du projet. Les trois experts avaient eu connaissance des études mises en consultation en 1997, et suggéraient au ministre une solution pour étaler dans le temps la dépense de la ligne nouvelle.

Le courant politique était ailleurs. Le transfert du trafic des marchandises de la route vers le rail est largement passé en tête des objectifs. Les sommets franco-italiens qui ont suivi, ont accéléré les études du tunnel international, malgré le rapport Brossier. Les études de la partie française se sont poursuivies, en intégrant toutes ses dimensions, avec une place plus importante pour le fret que pour la grande vitesse.

LES OUTILS DE PILOTAGE DU PROJET

J'ai trouvé, dans une revue du ministère des finances, un dessin qui m'a bien amusé. Il s'appelait « comité de pilotage ». On y voyait un navire, baptisé « l'économe » qui navigue sur une mer calme, parsemée d'icebergs. Sur le pont, se tiennent trois capitaines côte à côte, chacun tenant à deux mains une barre de pilotage. Comment pouvait fonctionner ce navire avec trois barres ? J'ai imaginé une réponse. Sans doute seule la barre du milieu est-elle reliée au gouvernail. Mais les capitaines situés à bâbord et à tribord ne le savent pas, et ils tournent chacun leur barre de façon à éviter les obstacles qu'ils voient depuis la place qui est la leur. Le capitaine du milieu est attentif à leurs gestes. Comme il a bien conscience qu'il y a des zones qu'il ne voit peut-être pas aussi bien que ses collègues, depuis le milieu du navire, il en tient compte pour actionner son gouvernail dans le même sens. Le navire a de bien meilleures chances de poursuivre son trajet sans encombre, grâce à ce comité de pilotage !

Tous les projets sur lesquels j'ai travaillé avaient leur comité de pilotage. L'originalité du Lyon-Turin est d'en avoir eu deux, l'un pour la partie internationale, l'autre pour la partie française.

Les gouvernements français et italien ont mis en place un comité commun de pilotage des études du tunnel de base en mars 1993. Ils en ont confié la présidence au préfet de région Paul Bernard et au secrétaire général du comité interministériel des transports italien. Cette instance s'est ensuite élargie aux représentants des ministères chargés des transports, des finances, de l'environnement et de l'intérieur. La CIG (commission intergouvernementale) du Lyon-Turin, instituée par l'accord de Paris le 15 janvier 1996, a pris sa suite et comprenait des ingénieurs, des économistes, des écologues et des responsables de la sécurité, en nombre égal pour chaque pays. Elle a mis en place des groupes de travail bi-nationaux spécialisés sur les différents sujets des études, afin d'en examiner les résultats et de lui proposer, soit de les valider, soit de poursuivre le travail s'il était jugé insuffisant.

Je faisais partie du groupe « technique et sécurité ». Les études qui nous ont été présentées par les ingénieurs des grands bureaux d'études européens spécialisés dans les travaux en souterrains, étaient de très bonne qualité. La discussion portait souvent sur les marges de sécurité, prises comme hypothèses de calcul, afin de s'assurer que les coûts prévisionnels des travaux ne seraient pas dépassés. La comparaison avec les autres chantiers que j'avais suivis dans ma carrière pouvait être utile.

Je me souviens également de la longue négociation que nous avons menée avec les Italiens pour choisir l'espacement entre les rameaux de communication, qui relient les deux tubes du tunnel. Ces rameaux permettent aux passagers d'un train en détresse, de passer d'un tube à l'autre, pour se mettre à l'abri lors d'un incendie. Plus ils sont rapprochés, moins il faut de temps pour les atteindre, et personne ne voulait réduire le niveau de sécurité du tunnel. Mais le coût des rameaux supplémentaires devenait prohibitif, par rapport à l'amélioration d'autres dispositions relatives à la sécurité. Il fallait trouver le bon compromis.

Le tunnel sous la Manche dispose de rameaux de communication tous les 375 m. Pour le tunnel de base du Saint Gothard, l'interdistance est de 325 m. Les normes européennes de construction des tunnels ferroviaires imposent seulement que cet espacement soit inférieur à 500 m, mettant davantage l'accent sur les dispositions relatives au matériel roulant pour résister aux incendies. Les trains doivent avoir la capacité de rouler pendant 20 km même si un incendie est détecté à bord, ce qui leur permet de rejoindre une station de sécurité spécialement aménagée pour traiter l'incendie et évacuer les voyageurs à l'extérieur du tunnel. Notre tunnel, qui mesure 57 km de longueur, dispose effectivement de trois stations de sécurité, situées au bout des galeries de reconnaissance, espacées de moins de 20 km. Le bureau d'études avait proposé une interdistance de 400 m pour les rameaux de communication. Un logiciel de simulation, très apprécié par notre groupe, représentait l'écoulement des voyageurs sortant du train, cheminant sur les trottoirs du tunnel, jusqu'aux rameaux de communication, guidés par le personnel du train supposé formé à l'exercice. Il permettait de calculer le délai nécessaire pour évacuer tous les passagers, y compris les personnes à mobilité réduite. Après plusieurs réunions sur ce sujet, nous sommes tombés d'accord pour réduire cet espacement à 333 m pour notre tunnel.

Notre rapport a été soumis à la CIG, qui s'est réunie à Paris le 11 mai 2009. Elle a approuvé notre proposition, qui préconisait aussi d'augmenter la surface utile de ces rameaux et d'élargir leurs portes d'accès, pour permettre de faciliter les secours en cas d'incendie.

Je me souviens que cette dernière disposition n'était pas souhaitée par certains d'entre nous, qui craignaient que cela n'encourage les voyageurs, fuyant leur train en feu, à stationner dans ces rameaux, alors qu'ils devaient continuer leur évacuation vers le trottoir du tube sain dans lequel un train de secours allait se présenter pour les mener vers la sortie du tunnel. Mais d'autres leur ont fait comprendre que les choses ne se passent jamais exactement comme on les avait prévues, et qu'il valait mieux pouvoir changer de stratégie d'évacuation si le besoin s'en faisait sentir.

J'ai également animé pendant quelques années, avec un ingénieur italien, un comité des opérateurs ferroviaires, dont le but était de vérifier, auprès des compagnies de chemins de fer, que les caractéristiques du nouveau tunnel correspondaient à leurs attentes. Elles étaient toutes très favorables au projet et nous ont aidé à comprendre leurs souhaits, notamment pour assurer une plus grande fiabilité de l'itinéraire. Mais nous n'avons obtenu d'elles aucun élément chiffré sur les gains de productivité qu'elles espéraient en tirer. Nous avons compris qu'elles craignaient que les gestionnaires du futur tunnel n'en profitent pour fixer des tarifs très élevés, les privant de ce fait des gains qu'elles en attendaient. C'était avant que la décision ne soit prise de confier aux deux États la construction et l'exploitation de l'ouvrage, ce qui permettra de ne pas répercuter, sur les péages du tunnel, les dépenses de sa construction, mais seulement celles de son fonctionnement. Le tunnel n'est pas un projet commercial, construit pour générer un maximum de recettes, mais un outil au service d'une politique de report modal. Cependant, je comprends bien les craintes des opérateurs, car les tarifs du passage dans le nouveau tunnel ne sont pas fixés d'avance.

Pour la partie française, un autre comité de pilotage a été mis en place par le préfet de région le 22 septembre 1992, pour associer les principales collectivités territoriales à la conduite des études, et organiser le débat public autour du Lyon-Turin. Après la création du GIP Transalpes, en 1995, ce comité régional s'est élargi à une bonne soixantaine de personnes et il a été placé sous la co-présidence du préfet de région et du président du conseil régional. Il s'est réuni en moyenne deux ou trois fois par an, pendant une vingtaine d'années. La préparation de ces réunions était toujours intéressante. Je devais rédiger un mot d'accueil du préfet, pour rappeler les décisions antérieures et annoncer l'ordre du jour et les questions à trancher. Puis, le maître d'ouvrage des études, la SNCF (remplacée par RFF, Réseau ferré de France, entre sa création en 1997 et sa disparition en 2014), prenait la parole, exposant les résultats obtenus, et proposant la suite du programme d'études. Un dossier préparatoire était envoyé à chaque participant avant la réunion avec un résumé de ces exposés, de façon à lui permettre de préparer ses questions ou ses observations. Ensuite, toutes les réunions faisaient l'objet d'un compte-rendu, sur lequel chacun des participants pouvait encore faire ses observations, avant la réunion suivante, qui le validait définitivement.

Cette organisation suit une méthode de travail instituée par des circulaires du ministère chargé des transports, datant de 1991 et 1992, applicables à tous les grands projets. Il s'agit de mettre en œuvre une politique, inscrite dans le code des transports, qui reprend le texte de la loi d'orientation sur les transports intérieurs (la LOTI), adoptée en 1982, et plusieurs fois modifiée depuis :

« Le système des transports doit satisfaire les besoins des usagers et rendre effectifs le droit qu'a toute personne, y compris celle dont la mobilité est réduite ou souffrant d'un handicap, de se déplacer et la liberté d'en choisir les moyens ainsi que la faculté qui lui est reconnue d'exécuter elle-même le transport de ses biens ou de le confier à l'organisme ou à l'entreprise de son choix. La mise en œuvre de cet objectif s'effectue dans les conditions économiques, sociales et environnementales les plus avantageuses pour la collectivité et dans le respect des objectifs de limitation ou de réduction des risques, accidents, nuisances, notamment sonores, émissions de polluants et de gaz à effet de serre. »

Ce texte législatif, qui ouvre le code des transports, donne le cap. La mobilité des personnes et des biens est un droit individuel. Mais ce droit, comme tous les droits, s'arrête lorsque d'autres droits prennent le pas sur celui-là. Au départ, en 1982, le texte insistait surtout sur l'impact économique des transports et n'évoquait l'environnement que par la nécessité de limiter les nuisances et les risques que ce droit occasionne, pour soi et pour les autres. Aujourd'hui, des objectifs environnementaux globaux doivent être pris en compte et respectés dès la conception des systèmes de déplacements, au même titre que l'économie ou l'organisation sociale. Nous avons à trouver collectivement les meilleures conditions pour répondre à des objectifs parfois contradictoires, et ceci suppose de nombreuses réunions, avec de nombreux participants.

En France, le pouvoir de décision reste très centralisé. Le ministère conservait toute latitude de suivre ou non les orientations transmises par le préfet, à l'issue des consultations ou des réunions du comité de pilotage. Mais il m'a semblé que c'est au niveau régional, en présence des élus, à l'écoute des associations locales ou des milieux professionnels que s'effectuait le long travail de préparation et de maturation des décisions ministérielles, et jamais je n'ai regretté de travailler à Lyon plutôt qu'à Paris. J'ai pu constater dans les comités de pilotage que, même s'ils ne tenaient pas entre leurs mains la vraie barre du navire, les pilotes régionaux ont largement contribué à définir sa trajectoire.

J'ai aussi constaté la force du triple pilotage de la partie internationale par l'Italie, la France et l'Europe. J'avoue avoir eu du mal, parfois, à comprendre lequel des trois pilotes actionnait réellement le gouvernail, mais l'allure du navire a été maintenue.

LE SOUTIEN POLITIQUE EUROPÉEN

Le 29 janvier 2001, la France et l'Italie ont signé le traité de Turin, par lequel elles s'engagent « à construire ou à faire construire les ouvrages de la partie commune franco-italienne, nécessaires à la réalisation d'une nouvelle liaison ferroviaire mixte marchandises-voyageurs entre Lyon et Turin ... ». C'est une décision forte, qui concerne la construction de l'ouvrage et pas seulement ses études. Mais elle est aussitôt nuancée par la fin de la phrase, qui a été rajoutée par la France, pour faciliter l'accord du ministère des finances : « ... et dont la mise en service devrait intervenir à la date de saturation des ouvrages existants ». Cette fin de phrase rappelle, à nouveau, la perception française du projet par la mission Brossier de 1998, qui estimait que le nouveau tunnel ne sert à rien tant que les tunnels actuels ne sont pas saturés. Les opposants au projet ont voulu comprendre que le traité instituait une condition préalable à sa réalisation, alors que le verbe « devrait » peut aussi s'interpréter comme une éventualité ou un souhait que le projet avance rapidement. La saturation du tunnel ferroviaire existant était alors prévue par Alpetunnel, le groupement franco-italien chargé des études, pour 2010. Je pense que c'est comme cela que l'ont compris les Italiens.

Du côté du gouvernement italien, le raisonnement de M. Brossier, axé sur les réserves de capacité des itinéraires existants, n'avait, à mon avis, pas non plus convaincu les autorités. La meilleure réponse que j'aie entendue à ce sujet, a été formulée en Italie par M. Mario Virano, alors qu'il était commissaire du gouvernement italien, chargé d'organiser les tables rondes de concertation avec les opposants de la vallée de Suse, entre 2006 et 2012. Architecte de formation, il a ensuite été nommé président de la délégation italienne de la commission intergouvernementale du Lyon-Turin, avant de devenir, en 2015, directeur général de TELT (Tunnel Euralpin Lyon Turin). Pour lui, prétendre que le nouveau tunnel n'était pas utile tant que la ligne actuelle n'est pas saturée, était comparable à l'idée que nous pouvions nous passer d'internet au motif que notre ancien fax fonctionne encore et qu'il n'est pas saturé !

Le traité de Turin de 2001 définissait les conditions techniques et financières de la conduite des études et des ouvrages de reconnaissance géologique du nouveau tunnel, sous la responsabilité de LTF (Lyon Turin Ferroviaire, qui a succédé à Alpetunnel). Son article 4 annonçait la nécessité d'un nouvel accord pour passer aux travaux principaux de creusement. La machine était lancée, mais avec un certain flou sur la date de ce nouvel accord, laissant penser que la vraie décision n'était pas prise. Le traité de Turin n'engageait finalement qu'environ 15 % du budget de construction du tunnel. J'ai vu les études avancer à un bon rythme, mais j'ai toujours senti que certains membres de la commission intergouvernementale avaient gardé le pied sur le frein, cherchant à temporiser, comme si toute année perdue était une année gagnée pour les finances publiques. Persuadés qu'ils étaient de l'absence de rentabilité de l'ouvrage, ils redoutaient le moment où il faudrait engager les 85 % restants du budget.

Si le courant politique n'a pas faibli, c'est surtout grâce à l'Europe. La commission européenne tenait aux réseaux trans-européens de transport pour alimenter le marché unique. En complément de son apport financier de 50 % sur les études en cours, elle veillait activement à leur avancement. Elle a nommé un coordonnateur de haut niveau, qui participait aux réunions de la commission intergouvernementale, et rappelait en permanence le grand intérêt de l'Europe pour ce projet. Je pense que sa présence a été précieuse pour trouver des solutions, chaque fois qu'une difficulté apparaissait entre les deux pays, aucun des deux ne voulant apparaître, à ses yeux, comme celui qui freinait les études.

Le 30 janvier 2012 à Rome, la France et l'Italie signèrent un nouvel accord, faisant suite au traité de Turin, mais en prévenant qu'il ne s'agissait pas encore de celui qui permettrait le lancement des travaux. Tout était prêt, sur le plan technique et administratif, pour décrire la façon dont seraient conduits les travaux, mais il manquait encore un engagement sur le financement. Malgré cela, il fallait avancer, montrer à l'Europe que nous avions bien travaillé. En particulier, suite aux études juridiques, la France et l'Italie avaient conclu que les travaux devaient être assurés par un organisme public, composé des deux États, à parts égales, et qui remplacerait LTF. Cette société publique comprendrait une commission des contrats et un service permanent de contrôle, afin de s'assurer de la régularité des marchés et de la bonne utilisation des fonds publics. Tout cela est acté noir sur blanc dans le nouvel accord de 2012.

Mais les deux gouvernements n'ont pas réussi à franchir le pas sur le financement des travaux. Comment afficher une dépense publique supplémentaire de plusieurs milliards d'euros, sans mettre en péril la situation budgétaire des États ?

L'Italie est encore plus endettée que la France, mais il m'a semblé que c'est surtout la France qui hésitait, car elle était en train de perdre son triple A, sa bonne note financière attribuée par les agences de notation internationales. Ce n'était pas le bon moment pour donner un signal qui aurait pu ressembler à du laxisme budgétaire. Il restait encore deux ans avant la prochaine échéance importante, qui était la programmation des crédits 2015 - 2020 de l'Union européenne.

Malgré tout, le courant politique demeurait assez fort pour ne pas bloquer le chantier. En marge de l'accord franco-italien, les ministres des transports ont publié une déclaration lors du sommet du 30 janvier 2012, annonçant l'engagement des procédures pour creuser une nouvelle galerie de reconnaissance au niveau de Saint-Martin-la-Porte. Il s'agissait de poursuivre les reconnaissances géologiques dans ce secteur particulièrement difficile. Après avoir creusé la galerie d'accès jusqu'au niveau où passerait le tunnel principal, nous allions creuser en suivant son tracé, dans l'axe et au diamètre du tube définitif, faisant ainsi d'une pierre deux coups : tout en répondant à un problème de reconnaissance géologique, c'est un tronçon de 9 km de l'ouvrage principal que LTF allait réaliser.

Le 14 décembre 2012, la commission intergouvernementale a autorisé LTF à lancer l'appel d'offre et le marché a été signé le 14 mai 2014.

Cette décision surprit les opposants au Lyon-Turin, qui assuraient que LTF était chargé des études et n'avait pas le droit de commencer les travaux définitifs du tunnel principal. Elle fut pourtant prise tout à fait officiellement par les deux pays, et l'Europe confirma son accord pour une utilisation judicieuse des crédits d'études, qui allait diminuer d'autant les crédits restant à trouver pour financer les travaux.

Les enseignements fournis par le creusement de la première galerie de reconnaissance ont été mis à profit pour concevoir le tunnelier qui allait creuser ces 9 km entre St-Martin-la-Porte et La Praz, en terrain difficile. Un tunnelier est une sorte de grosse perceuse, dotée d'un foret sous la forme d'une énorme tête de coupe qui tourne lentement dans la roche. Son diamètre est de onze mètres pour les deux tubes du tunnel principal, chacun assurant un des sens de circulation. L'avantage principal d'un tunnelier est qu'il avance plus vite que la méthode traditionnelle, à l'explosif, mais il est plus sensible aux aléas géologiques. Un des tunneliers utilisés par la Suisse pour creuser le tunnel du Gothard est resté bloqué dans les roches, et il a fallu cinq mois pour l'en extraire.

Innovation majeure : pour tenir compte de la tendance du terrain à se refermer après avoir été découpé, le tunnelier aura la possibilité d'ajuster son diamètre de coupe. Ses concepteurs annoncent une puissance de 5 MW et une vitesse de pointe de six mètres à l'heure dans le rocher, mais il s'arrête souvent. Derrière cette tête de coupe, le tunnelier doit accomplir une multitude de tâches : évacuer les déblais par un tapis roulant, assembler les écailles de béton circulaires qui consolident la paroi du tunnel, et sur lesquelles il roulera pour continuer à avancer, le tout en évacuant les eaux qui peuvent jaillir sous pression et en ventilant suffisamment pour que les ouvriers puissent travailler dans de bonnes conditions.

Le titulaire du marché a confié la fabrication de ce tunnelier à l'usine française de NFM Technologies, située au Creusot en Saône-et-Loire, qui était, en 2014, la propriété du groupe chinois Northern Haevy Industries. Depuis, l'usine du Creusot, la seule en France à construire des tunneliers, est passée dans le groupe allemand Mülhäuser.

LA MISSION PARLEMENTAIRE DE 2015
SUR LE FINANCEMENT DE LA SECTION
TRANSFRONTALIÈRE

Le 30 décembre 2014, le Premier ministre Manuel Valls adressa une lettre de mission à deux parlementaires, le député Michel Destot, ancien maire de Grenoble, et le sénateur savoyard Michel Bouvard. Il commença sa lettre en rappelant que la nouvelle liaison Lyon-Turin, et tout particulièrement son tunnel de base, « contribuera de manière essentielle au développement de l'économie et des échanges entre les deux pays, au report modal de la route vers le chemin de fer et à la préservation de l'environnement alpin ... Le chantier va entrer dans la phase de réalisation des travaux principaux. Pour cela, il est essentiel de stabiliser le plan de financement de cette opération, dans un contexte budgétaire tendu. »

Il y avait urgence, car la France et l'Italie devaient déposer avant fin février 2015 leur demande de subvention, à hauteur de 40 % du montant des travaux, auprès de l'Union européenne. La France devait donc s'engager officiellement à apporter sa contrepartie, qui s'élève à 25 % du coût du tunnel, soit environ 2,2 milliards d'euros jusqu'à la fin des travaux.

En parallèle, un nouvel accord franco-italien, qui allait cette fois-ci autoriser le lancement des travaux, devait être signé lors du sommet annuel franco-italien, prévu à Paris le 24 février 2015. Le Premier ministre lançait une démarche politique. Les deux parlementaires, un député de la majorité, un sénateur de l'opposition, étaient tous deux favorables au projet. Ils ont été nommés en mission auprès du secrétaire d'État chargé des transports, Alain Vidalies, et du secrétaire d'État chargé du budget, Christian Eckert. Le premier défendait le projet, le second ne voulait pas augmenter la dette publique. La perspective d'un financement spécifique, ne pesant pas sur le budget national, permettrait sans doute de réduire les réticences pour officialiser une décision, qui semblait en bonne voie d'être prise.

J'ai eu connaissance de cette mission le vendredi 30 janvier 2015, par un message électronique qui ressemblait étrangement à l'appel téléphonique que j'avais reçu en 2008, avant d'aller à Vérone. Mon collègue du ministère me demandait si j'avais des disponibilités pour accompagner cette mission parlementaire, qui portait sur de nouvelles modalités de financement du projet. J'ai répondu positivement par retour de messagerie, sous réserve de l'accord de ma direction, notant au passage que ce sujet me paraissait effectivement bien d'actualité. Le lundi suivant, sans avoir davantage de précisions sur cette proposition du ministère, j'ai reçu un appel direct de l'attachée parlementaire de M. Destot, me demandant d'assister, le surlendemain mercredi 4 février 2015, à un rendez-vous des deux parlementaires à Bruxelles. Un TGV direct de Lyon à Bruxelles m'a permis de m'y rendre, avec l'autorisation de ma directrice.

J'ai découvert en une journée, de l'intérieur, en quoi consistait cette mission. Nous avons été reçus successivement par deux services de la commission européenne, celui de la concurrence et celui des transports. Ils nous ont expliqué en détail comment mettre en application les dernières dispositions de la directive « eurovignette », relative aux péages d'infrastructures de transport. L'Europe autorise les États à percevoir un péage qui correspond au coût d'usage de tout type d'infrastructure routière par les poids lourds, et pas uniquement sur les autoroutes. La commission européenne est chargée de vérifier que le montant demandé est justifié au regard des dépenses de construction et d'entretien de la route. En 2011, elle a complété ce droit général par la possibilité de majorer localement de 25 % le montant du péage autorisé sur les ouvrages routiers, à condition que ce surplus soit utilisé pour financer une nouvelle infrastructure ferroviaire, située en zone de montagne, et qui soit reconnue prioritaire et d'intérêt européen.

Cette disposition était visiblement destinée à faciliter le financement de notre tunnel et de celui du Brenner, tous deux d'intérêt européen. Les Autrichiens en ont très rapidement profité, et la commission nous a expliqué comment ils avaient procédé pour trouver dans ce mécanisme, l'intégralité du budget restant à leur charge pour la construction du tunnel du Brenner. Les fonctionnaires de la direction générale de la mobilité nous ont bien fait comprendre qu'ils souhaitaient ardemment que la France profite également de cette possibilité. Ils étaient ravis que nos parlementaires se saisissent de la question, c'était pour eux un signe de l'intérêt du gouvernement pour s'engager dans cette voie.

La direction des transports terrestres de mon ministère avait déjà étudié cette possibilité, mais deux difficultés majeures étaient apparues. La première était politique. Le gouvernement venait de renoncer, en octobre 2014, après les manifestations des « bonnets rouges », à instaurer l'écotaxe applicable aux poids lourds sur les grands axes routiers, en dehors des autoroutes payantes, en application de la directive européenne. Il semblait impossible de revenir à la charge aussi rapidement, même sur une petite partie du territoire, en demandant un nouveau supplément de péage aux transporteurs routiers.

La seconde difficulté était technique. Les services spécialisés du ministère avait produit une étude d'évaluation des effets d'un surpéage aux tunnels routiers du Mont-Blanc et du Fréjus. Sa conclusion ne laissait aucun espoir de dégager une quelconque recette supplémentaire. En effet, en cas d'augmentation des tarifs, le trafic risquait de diminuer tellement, que la recette globale se trouvait moins élevée qu'avant. Les poids lourds allaient passer ailleurs, en Suisse ou à Vintimille.

Dans le cadre des études financières du tunnel, la société Lyon Turin Ferroviaire avait fait sa propre étude pour tester une augmentation de péages plus étendue, sur l'ensemble des autoroutes situées dans le massif montagneux, et sur une durée de cinquante ans, comme cela est autorisé par la directive européenne. Le résultat paraissait beaucoup plus prometteur, avec une recette annuelle suffisante pour amortir la dépense de construction du tunnel. Mais cette étude faisait l'hypothèse que le trafic n'allait pas diminuer avec ce surpéage, si bien que le ministère n'en a pas validé les conclusions.

MM. Destot et Bouvard n'avaient pas la possibilité ni le temps de lancer une nouvelle étude pour savoir qui avait raison. Ils avaient besoin que quelqu'un exploite les données existantes pour savoir ce que donnerait un scénario intermédiaire, tel qu'ils commençaient à l'imaginer. Ils ont pris comme objectif de financer par le mécanisme de l'eurovignette, la moitié du montant à la charge de la France pour construire le tunnel, l'autre moitié restant imputée au budget ordinaire. De combien faudrait-il augmenter les péages et quels seraient alors les effets sur le trafic ? Le ministère m'a fourni les données de trafic, les comptes des sociétés autoroutières et des estimations de variations de trafic en fonction des péages, provenant des études de l'écotaxe poids lourds. C'était suffisant pour me permettre de répondre aux questions des parlementaires, à l'aide d'un tableur à ma portée. Nous sommes ainsi parvenus à affiner pas à pas leur scénario, en exploitant les études précédentes.

J'ai continué à accompagner les parlementaires dans leur travail jusqu'à la remise de leur rapport au Premier ministre, le 13 juillet 2015 à Matignon. C'était pour moi une chance incroyable. J'avais la satisfaction d'apporter ma modeste contribution à leur travail, mais surtout, j'ai énormément appris sur de nombreux aspects du sujet qui ont enrichi et élargi ma propre perception. J'ai découvert l'intense travail de concertation engagé par deux élus nationaux pour remplir leur mission. C'était une expérience passionnante, qui arrivait comme l'épilogue de toutes ces années de travail autour du Lyon-Turin. Je remercie encore mon employeur, l'administration française, de m'avoir donné cette chance. Je remercie aussi Michel Destot et Michel Bouvard de m'avoir fait confiance. Je n'étais pas un inconnu pour eux, je les avais croisés l'un et l'autre, à plusieurs reprises, dans des réunions en préfecture à Grenoble, à Chambéry ou à Lyon.

Les simulations financières étaient encourageantes sur l'intérêt d'introduire cette « eurovignette alpine » afin alléger la contribution des finances publiques pour la construction du tunnel de base. Mais il restait à répondre aux objections politiques. Les parlementaires ont rencontré des transporteurs routiers régionaux qui leur ont expliqué qu'ils avaient accepté l'écotaxe, avant qu'elle ne soit abandonnée, contrairement aux transporteurs d'autres régions. Tout ce qu'ils demandaient, c'était de pouvoir répercuter cette dépense supplémentaire sur leurs factures, et cela leur avait été garanti.

Michel Destot et Michel Bouvard ont rencontré de nombreux élus des Alpes du Nord, comme des Alpes du Sud. La question du trafic des poids lourds dans les vallées alpines comme le long du littoral méditerranéen les préoccupait tous.

Ils se sont rendus à la Banque européenne d'investissements et à la Caisse des dépôts. Leurs experts financiers se sont montrés intéressés pour étudier un prêt à long terme, adossé sur des recettes garanties sur la durée.

Enfin, ils ont pris en compte le contexte dans lequel le Premier ministre leur avait confié cette mission. Au delà d'un examen de la pertinence d'un financement spécifique du tunnel par la directive eurovignette, ils ont estimé que la première question à laquelle ils devaient répondre, portait sur la justification d'un tel investissement. Les parlementaires connaissaient bien le référé de la Cour des comptes de 2012, qui critiquait sévèrement le projet pour son coût et son manque de rentabilité. Ils ont relevé que sa conclusion n'était pas si négative. La Cour des comptes soulignait que le Lyon-Turin n'avait de sens que s'il est accompagné « d'une politique déterminée de report modal de la route vers le rail ». Cette affirmation expliquait bien pourquoi nous avions besoin de creuser dès maintenant ce nouveau tunnel, parce qu'il constitue un élément déterminant de cette politique de report modal, qui existe bel et bien au niveau européen.

Nos réunions successives avec la commission européenne, à Bruxelles, m'ont fait sentir que les idées ne manquaient pas pour accentuer la priorité en faveur du fret ferroviaire, sous la pression de plusieurs pays, notamment l'Allemagne, qui était en avance sur le plan des trafics, mais qui avait besoin de rénover son réseau ferroviaire. La directive eurovignette allait encore évoluer, pour accentuer les avantages accordés au rail et dégager des pistes de financement. Il faut du temps pour que ces réformes produisent leurs effets, parce que l'Europe travaille dans le respect de la liberté du transport et de la concurrence, mais elles vont se poursuivre avec détermination.

Dès le début de la mission, M. Bouvard est venu à Lyon voir le préfet de région, Jean-François Carenco, pour lui présenter les grandes lignes de sa démarche, en réponse à la commande du Premier ministre. Au cours de la discussion, M. Bouvard a émis quelques doutes sur les études de rentabilité des projets incluant les prévisions de trafic. En fait, il m'a semblé qu'il n'y croyait pas du tout. Il rappelait que les études relatives au tunnel routier du Fréjus, qui a ouvert en 1980, prévoyaient un amortissement de l'ouvrage en 70 ans : il a été rentabilisé en 17 ans grâce à des trafics supérieurs aux prévisions. Au contraire, l'autoroute de la Maurienne, ouverte en 2000, devait être rentabilisée en 25 ans, mais les trafics se sont révélés plus faibles que prévu et il a fallu prolonger sa concession jusqu'en 2050. Il était convaincu que le tunnel de base donnerait au mode ferroviaire le même élan que le tunnel routier du Fréjus pour les poids lourds, parce qu'il permet de changer radicalement les conditions économiques du transport.

Le tunnel sous la Manche, que les deux parlementaires sont allés visiter, donnait un exemple de l'impact sur le développement économique qui peut suivre l'ouverture d'une nouvelle infrastructure. Quand j'évoque les effets économiques des projets, il me revient à l'esprit une intervention d'Yves Crozet, l'économiste qui a participé à l'émission « Pièces à conviction » de 2015. Pendant une réunion publique à laquelle j'assistais, il a qualifié de « croyance » cette idée selon laquelle une nouvelle infrastructure provoquerait automatiquement de la croissance. Je suis bien d'accord avec lui sur ce point. Les effets n'apparaissent pas de façon magique. Les études, que conduit systématiquement le ministère, cinq ans après la mise en service d'une nouvelle infrastructure, montrent que le développement économique apparaît lorsqu'il existait une dynamique locale, indépendamment du projet, avant sa construction. Au contraire, si un territoire est en perte de vitesse, l'infrastructure risque d'accélérer son déclin en déplaçant les activités vers un secteur plus dynamique.

Pour les tunnels de base, l'effet économique porterait sur le report modal. Il ne serait donc pas automatique, mais tiendrait au fait que le projet intervient dans un contexte global favorable à un renouveau du mode ferroviaire. Actuellement, cette dynamique est forte au niveau européen, mais elle est contrariée par les limites physiques des lignes de montagne. Les tunnels de base libéreront ce frein.

La Suisse et l'Autriche ont réussi à financer leurs tunnels du Lötschberg, du Gothard et du Brenner à l'aide de péages sur le trafic routier. Cela pouvait inciter la France à faire de même. Les parlementaires ont surtout utilisé cet exemple pour dire que si des petits pays avaient décidé de construire de tels ouvrages pour réduire les flux de poids lourds les traversant, un grand pays comme la France avait les moyens de faire de même, pour les mêmes objectifs de report modal. Ceci restait vrai, quelle que soit la source de financement retenue.

Ainsi, ils ont recommandé au gouvernement de s'engager progressivement dans la mise en place de cette eurovignette alpine, mais pas uniquement pour des raisons budgétaires. Ils y voyaient un facteur de cohérence, qui ferait œuvre de pédagogie en rapprochant la source du financement, apporté par le transport des marchandises, de sa destination, un grand ouvrage qui bénéficierait à cette fonction logistique. La zone d'application, le massif alpin, correspond au territoire dont l'environnement est le plus menacé par la circulation des poids lourds, et dont la population demande avec le plus d'insistance le report sur le mode ferroviaire.

En juillet 2015, le Premier ministre a salué la qualité du travail des parlementaires et a prudemment annoncé qu'il allait poursuivre la réflexion sur les conditions de la mise en œuvre de cette eurovignette alpine. Quatre ans après, elle n'a toujours pas été adoptée, mais, à mon avis, l'essentiel n'est pas là. J'imagine que le fait d'avoir approfondi cette hypothèse et d'en avoir souligné les avantages, laisse la possibilité d'y recourir, un jour ou l'autre, si les conditions politiques le permettent. Le financement du tunnel a été assuré sans trop de difficulté jusqu'à présent, principalement grâce à l'augmentation de 2 centimes d'euros des taxes sur le gazole, qui a suivi l'abandon de l'éco-redevance poids-lourds. Lorsque les travaux principaux auront atteint leur régime de croisière, la France devra apporter de l'ordre de 200 millions d'euros par an, pendant une dizaine d'années, jusqu'à l'ouverture du tunnel. La proposition des parlementaires permettrait de diviser par deux cette dépense, en demandant aux poids lourds de payer 10 % à 15 % de plus qu'actuellement sur les autoroutes alpines, sans augmenter les péages des deux tunnels. Cette possibilité supplémentaire est de nature à rassurer les responsables des finances publiques.

Ces ordres de grandeur financiers ont été longuement rappelés par la mission parlementaire, au cours des auditions organisées par l'Assemblée nationale et par le Sénat. Cela a contribué à atténuer la perception du Lyon-Turin comme un projet hors de portée sur le plan financier, sachant que la France consacre déjà plus de 2 milliards d'euros par an pour l'amélioration de ses infrastructures de transport. Le tunnel reste un investissement important, mais supportable, dont le degré de priorité par rapport à d'autres projets est justifié, en fonction de la place que nous accordons au report modal du fret, parmi les grandes orientations de notre politique des transports.

Le résultat de la mission parlementaire confiée à MM. Destot et Bouvard ne m'a pas semblé avoir joué un rôle capital dans la décision de construire ce tunnel, puisque les signatures importantes ont eu lieu pendant le déroulement de cette mission. La société TELT « Tunnel Euralpin Lyon Turin » a été créée le 23 février 2015. L'avenant au traité de Turin a été signé par la France et l'Italie le 24 février 2015. La subvention européenne a été accordée le 10 juillet 2015, trois jours avant la remise du rapport. Mais finalement, cela me confirme la pertinence de la théorie de Kingdon. La conjoncture astrale était bonne, c'est à elle que l'on doit la décision. La mission parlementaire a tout au plus donné les bonnes lunettes aux responsables politiques, pour l'apercevoir dans toute sa splendeur. L'étoile que l'on voit briller dans le ciel des solutions est clairement le tunnel de base pour le fret, et non une ligne nouvelle à grande vitesse dont la destinée demeure incertaine.

Un an plus tard, le 21 juillet 2016, le premier ministre Manuel Valls est venu à Saint-Martin-la-Porte inaugurer le tunnelier, baptisé Federica, dont le montage était terminé, au fond de la galerie de reconnaissance. Il a appuyé symboliquement sur le bouton de mise en marche. Les 2 400 tonnes du tunnelier, mesurant 135 mètres de long, ont réellement commencé à avancer en septembre 2016. Chaque semaine, j'ai suivi son avancement sur le site internet de TELT. Les difficultés géologiques prévues ne se sont pas fait attendre : au bout de 300 mètres, le tunnelier était bloqué. Mais il a suffi de modifier la tête de coupe, de consolider le terrain en place par des injections et le tunnelier a pu repartir. En juillet 2017, il a atteint le premier kilomètre. Puis le deuxième kilomètre trois mois plus tard. Il était bien lancé, après des mises au point qui ne font que confirmer son caractère expérimental. Il est arrivé au bout de son trajet de neuf kilomètres, au fond de la galerie de La Praz, le 23 septembre 2019. Au cours de cette année 2019, les appels d'offres ont été lancés pour attribuer la suite des travaux principaux en bénéficiant de l'expérience acquise par Federica.

Sept tunneliers vont bientôt creuser simultanément la montagne, pour réaliser la majeure partie des deux tubes parallèles de 57 km de longueur et de 11 m de diamètre, en laissant une faible partie réalisée à l'explosif. Il leur faudra environ sept ans pour achever le génie civil de l'ouvrage. La sixième année, les travaux d'équipement des voies commenceront, et la mise en service du tunnel sera possible la dixième année, si tout se passe comme prévu. Nous serons alors à peu près en 2030, avec une marge d'incertitude que j'estime à deux ou trois ans, pour tenir compte des aléas géologiques inévitables.

J'écris ces lignes au futur, parce qu'un arrêt prolongé du chantier me semble très improbable. Je n'ai jamais considéré que la décision de construire ce tunnel était irréversible, comme je l'ai souvent lu ou entendu, dès qu'une étape importante était franchie. Nous avons encore cette liberté de tout arrêter. Il faudrait pour cela que la France et l'Italie soient d'accord entre elles et que l'Europe se plie à cette volonté. Mais ce serait tellement contraire à nos objectifs communs et à nos intérêts à long terme, comme à ceux de nos voisins européens, que cela ne me paraît pas imaginable.

Cette assurance qui m'habite pour le tunnel de base ne s'applique pas à la partie française du projet Lyon-Turin, dont je vais maintenant raconter l'histoire.

LES ÉVOLUTIONS DE LA PARTIE FRANÇAISE DU PROJET AU GRÉ DES CONSULTATIONS LOCALES

Depuis le cahier des charges de février 1994 qui définissait le Lyon-Turin comme une ligne nouvelle dédiée au trafic des voyageurs à grande vitesse à l'exception du tunnel de base qui accepte aussi les marchandises, la partie française du projet a subi de multiples évolutions. Je reviens donc un peu plus de vingt ans en arrière, pour raconter ce long cheminement. Le courant politique autour de cette partie française m'apparaît aujourd'hui avoir été très différent de celui qui s'est formé autour du tunnel de base.

En 1997, une vaste consultation régionale est organisée sur l'ensemble des études des accès français du Lyon-Turin, auprès des élus, des responsables économiques, des différentes administrations locales et des associations. C'est le préfet de région qui pilote cette consultation, et c'est à lui que chacun adresse ses observations. Ma position de chargé de mission me conduit à recueillir des centaines d'avis écrits, de délibérations, de contributions, qu'il faut trier, analyser, étudier, avec les services de Réseau ferré de France et de la direction régionale de l'équipement. Ce travail d'écoute des grands responsables du territoire est passionnant. Les approches des élus, des milieux économiques ou des associations sont différentes, mais chacune est légitime et souvent bien argumentée. En m'efforçant de comprendre les différents points de vue, en en parlant avec d'autres, en approfondissant les points qui semblent encore obscurs, je complète et affine ma propre vision. Assurément, nous sommes plus intelligents à plusieurs !

Le bilan de la consultation est transmis au ministère en avril 1998, avec les observations du préfet de région, qui joue un rôle essentiel pour identifier les points sur lesquels il convient d'attirer l'attention du ministre. Nous faisons le constat que le projet continue à être soutenu par une large majorité des acteurs locaux, mais il est devenu beaucoup trop lourd, et nous proposons de le simplifier. Par contre, il faut augmenter la place du fret dans les objectifs à atteindre.

Jean-Claude Gayssot reçoit au même moment les conclusions du rapport Brossier. Il doit faire une synthèse de ces éléments plutôt contradictoires, provenant du préfet de région et du conseil général des ponts et chaussées. Il en conclut que le projet doit se poursuivre, mais en infléchissant ses objectifs en faveur du fret. La décision ministérielle du 18 septembre 1998 modifie officiellement le cahier des charges et précise les études à poursuivre :
• La liaison Montmélian - Genève (en ligne nouvelle) évoquée par M. Balladur en juin 1994 à Satolas, est abandonnée.
• Pour le fret, le besoin d'une ligne nouvelle distincte de celle des TGV est confirmé. La SNCF a étudié deux tracés entre Ambérieu-en-Bugey et le tunnel sous la Chartreuse, mais un troisième tracé plus direct, sous le massif des Bauges est mis à l'étude parce qu'il utilise davantage la ligne existante dans l'étroite vallée de l'Albarine entre Ambérieu-en-Bugey et Culoz, qui convient bien aux trains de marchandises parce que sa pente reste faible.

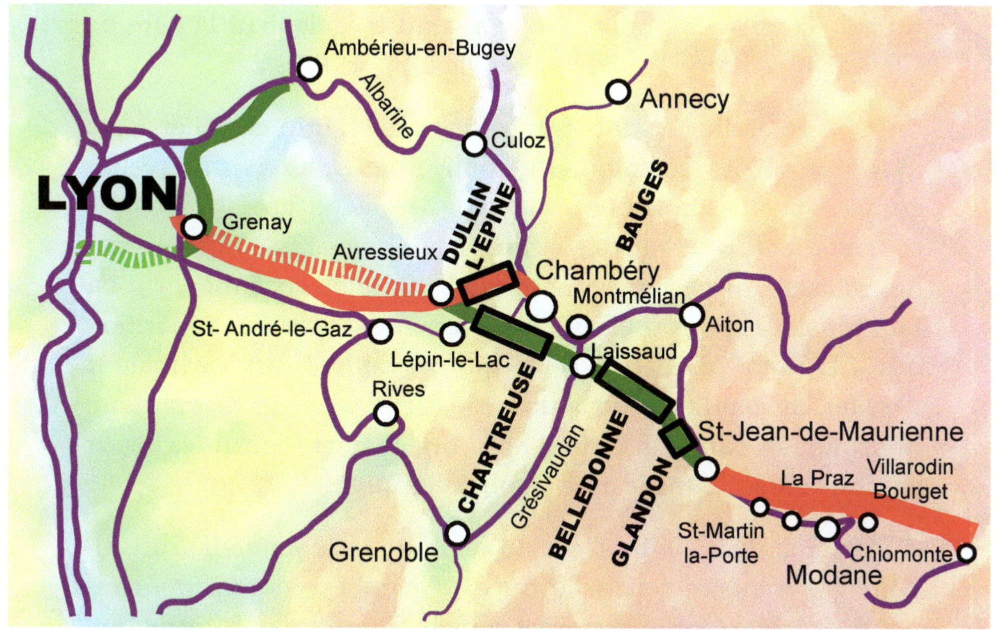

Illustration 12: Les tunnels projetés sous les massifs préalpins.

• La liaison à grande vitesse Lyon-Montmélian est retenue pour les voyageurs, mais une variante abordant Chambéry par le Nord, franchissant les massifs de Dullin et de l'Épine, est apparue intéressante par rapport au tracé initial qui passait par le tunnel de la Chartreuse. En particulier cette variante renforce le rôle de la gare de Chambéry comme gare de correspondance, plutôt que de construire une gare nouvelle à Laissaud, près de Montmélian. C'est la conséquence directe d'une approche qui ne se limite plus à la grande vitesse, mais qui prend en compte les déplacements régionaux et la vie du territoire traversé. Elle est mise à l'étude, ainsi qu'une variante consistant à interrompre la ligne nouvelle à Lépin-le-Lac et utilisant le petit tunnel actuel sous l'Épine, pour rejoindre également la gare de Chambéry, comme l'avait suggéré le rapport Brossier.

Une nouvelle consultation se déroule en juin et juillet 2000, avec encore des centaines de contributions sur ces nouvelles études. Incontestablement, la boule de neige grossit : chaque consultation porte sur des études techniques rassemblées dans des valises qui pèsent entre cinq et dix kilos chacune, et il en faut plusieurs pour un seul exemplaire des études. L'apparition des CD-Rom permet à ceux qui travaillent sur ordinateur d'éviter de feuilleter de lourds dossiers, mais un exemplaire imprimé est diffusé à tous les organismes consultés pour garantir un accès facile à un public plus large.

Le 25 janvier 2001, au vu du bilan de cette nouvelle consultation, le ministre retient le tracé « Chambéry nord » pour les voyageurs, et réserve le tunnel sous la Chartreuse au trafic fret. Il n'est donc plus question de la variante « Bauges », ni des tracés passant par Ambérieu-en-Bugey. En effet, il apparaît plus intéressant de rechercher un nouveau tracé pour le fret qui tienne compte du futur contournement fret de Lyon (le CFAL) dont les études démarrent. Une fois de plus, les études débordent du cahier des charges initial pour répondre aux demandes exprimées lors de la consultation.

C'est à cette étape des études qu'intervient la signature du protocole de financement du 19 mars 2002, pour une première phase du projet, composée de la ligne à grande vitesse « Chambéry nord » pour les voyageurs et du tunnel de la Chartreuse alimenté par la ligne existante aménagée pour le fret.

Mais les riverains de la voie unique existante, entre Saint-André-le-Gaz et Avressieux, qui ne voyaient passer jusqu'à présent que des trains de voyageurs, s'alarment. Assez vite, il apparaît préférable de prévoir un tracé neuf pour acheminer le fret. Le 26 mai 2004, le principe de l'itinéraire fret complet de Lyon à Montmélian est acté, et son fuseau de passage est choisi le 17 février 2006, après une consultation qui confirme que ce tracé pour le fret est prioritaire par rapport à la ligne à grande vitesse réservée aux voyageurs.

Les accès français du Lyon-Turin prennent alors la forme d'une voie nouvelle mixte fret et voyageurs, qui part du futur contournement fret de Lyon et débouche sur deux tunnels séparés : les trains de voyageurs passent par le tunnel de Dullin-l'Épine et la gare de Chambéry. Les trains de marchandises passent par le tunnel de la Chartreuse et Montmélian. Ce schéma est acté par un nouveau protocole de financement signé le 19 mars 2007, cinq ans jour pour jour après celui de 2002. Le montant total passe de 2,8 à 4,4 milliards d'euros.

Cette augmentation de coût provient principalement du remplacement de la ligne à grande vitesse entre Lyon et Chambéry, approuvée en 2002, par une ligne adaptée aux trains de marchandises. Pour respecter une pente maximale de 1,2 %, plusieurs tronçons à l'air libre sont remplacés par des tunnels sous les collines des Terres Froides, entre Grenay et Avressieux.

Les évolutions de la partie française du projet ne sont pas terminées. Le ministère s'inquiète de l'augmentation importante du coût du programme de travaux envisagé dans le nouveau protocole. Il souhaite définir une première phase qui réponde aux besoins de l'ensemble des trafics à l'ouverture du tunnel de base.

La consultation de 2009, portant sur le résultat des études de la ligne mixte et des deux tunnels définis en 2007, introduit une nouveauté en matière de sécurité dans les tunnels. Une difficulté apparaît : les tunnels monotubes de grande longueur sont bannis par les nouvelles normes européennes.

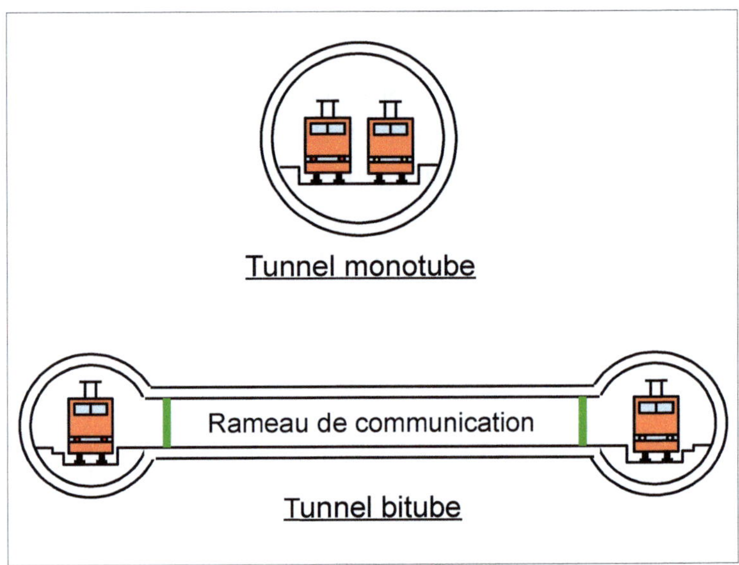

Illustration 13: Principe du tunnel monotube et du tunnel bitube.

En cas d'incendie, le tunnel bitube est plus sûr, car il permet d'évacuer les passagers en utilisant le second tube, lorsque le premier est envahi par la fumée.

Or le tunnel de Dullin-l'Épine avait été prévu avec les deux sens de circulation dans le même tube, pour des raisons d'économie. Ceci était autorisé seulement pour les trains de voyageurs, qui présentent des probabilités d'incendie plus faibles que les trains de marchandises, et avec une puissance de feu réduite. La nouvelle directive a banni cette configuration. Ce tunnel doit donc être passé à deux tubes : c'est plus cher, mais cela le rend apte à recevoir également les trains de marchandises. Finalement, cette réflexion débouche sur un nouveau découpage du projet.

Plutôt que de réaliser simultanément deux tunnels parallèles sous les massifs préalpins (Chartreuse, et Dullin-l'Épine), il apparaît préférable de commencer par l'un d'entre eux (celui de Dullin-l'Épine), puis de prévoir en deuxième phase, celui sous la Chartreuse en le prolongeant simultanément par celui de Belledonne. L'avantage principal de ce schéma est de réduire l'investissement en première phase, en différant la réalisation du tunnel sous la Chartreuse. L'inconvénient est que le fret continuerait alors à traverser Chambéry. Mais en deuxième phase, il disposerait d'un itinéraire complet, évitant également Montmélian et la vallée de la Maurienne.

C'est sous cette nouvelle configuration, en deux phases, que les accès français du Lyon-Turin sont présentés lors de l'enquête d'utilité publique qui s'est déroulée de janvier à mars 2012. L'avis du public est une nouvelle fois soigneusement recueilli, sur la base d'études encore plus détaillées.

Cette fois-ci, ce n'est pas le préfet qui en fait la synthèse, mais la commission d'enquête, désignée par le tribunal administratif de Grenoble. Son rapport est un document de 244 pages, sans compter les annexes, suivi d'une synthèse sur 17 pages, qui conclut à un avis favorable, avec trois réserves et de multiples recommandations. Les commissaires ont admis l'utilité publique globale du projet. Ils cherchent surtout à en réduire l'impact, notamment sur les surfaces agricoles qui sont lourdement touchées, à la fois directement par les emprises du projet de ligne nouvelle, et indirectement par les surfaces utilisées pour reconstituer des milieux naturels ou pour déposer des déblais extraits des tunnels.

Le décret déclarant le projet d'utilité publique est signé le 23 août 2013 par le Premier ministre et par les ministres de l'écologie et des transports, avec une durée de validité de quinze ans à partir de sa publication. Les travaux des accès français au tunnel international pourraient juridiquement commencer. Les expropriations nécessaires sont autorisées et doivent être prononcées avant le 25 août 2028. Mais les financements ne sont pas en place, ni même programmés. Les seuls crédits prévus sont ceux qui permettent d'acheter les parcelles dont les propriétaires demandent l'acquisition anticipée, parce qu'elles sont situées sur le tracé. L'État est alors obligé d'acheter, sauf à renoncer au caractère d'utilité publique du projet. Les accès français sont bel et bien en veille, jusqu'à une nouvelle décision politique qui les réveillera ou les abandonnera, si une autre solution trouvait un meilleur alignement avec les exigences du moment.

Depuis mon départ à la retraite, plusieurs autres tentatives de redéfinition des accès français se sont succédé, sans aboutir. Je constate un blocage qui pourrait s'expliquer par un postulat de départ qui me paraît erroné. Les accès français ont été présentés comme indispensables pour que le tunnel de base produise les effets attendus sur le trafic, si bien qu'il fallait être en mesure de les réaliser avant l'ouverture du tunnel. En conséquence, avant de s'engager avec l'Italie pour lancer les travaux du tunnel de base, il fallait que les procédures relatives aux accès soient suffisamment abouties pour donner la certitude qu'ils pourraient être construits dans les temps. Leur déclaration d'utilité publique en août 2013 répondait à ce besoin.

Dans ce raisonnement, nous avons oublié à quels problèmes devaient répondre les accès français. Puisqu'ils sont indispensables pour le tunnel de base, leurs objectifs propres étaient occultés par les objectifs du tunnel de base, c'est-à-dire principalement le report du fret pour la protection des Alpes. Les autres objectifs n'ont pas trouvé de consensus politique. La grande vitesse entre Lyon et Chambéry est passée au second plan depuis le retrait de la ligne spécifique à grande vitesse, comme première phase réservée aux voyageurs, au profit de la ligne mixte voyageurs et marchandises. L'objectif de dévier la traversée de Chambéry pour le fret aurait pu se résoudre par un tunnel local beaucoup moins coûteux. Idem pour la voie unique entre Saint-André-le-Gaz et Chambéry : pourquoi ne pas tout simplement la passer à deux voies ? Quant aux problèmes de desserte entre Lyon et Grenoble, ils ne sont pas apparus comme pouvant être améliorés par les accès français, si bien que le maire de Grenoble, Eric Piolle, a retiré son soutien au projet.

Les études socio-économiques ont toujours testé un calendrier de réalisation dans lequel les accès sont réalisés, au moins en partie, avant le tunnel de base. Les scénarios de trafic construits avec une telle hypothèse seraient impossibles à tenir si le calendrier était inversé. Et l'idée s'est alors imposée selon laquelle les accès étaient effectivement indispensables avant le tunnel. C'est une erreur de raisonnement. Il suffirait de construire un autre scénario, en supposant le tunnel réalisé avant les accès, pour s'en convaincre.

Reconnaître que les accès pourraient ne pas être indispensables à l'ouverture du tunnel de base ne nuirait pas à la démonstration de leur utilité, bien au contraire. Cela compléterait cette démonstration, en obligeant à regarder d'autres hypothèses. Je suis d'ailleurs frappé par la différence de discours entre Bruxelles et Paris. En France, le conseil d'orientation des infrastructures, dans son rapport de janvier 2018, exprime ses doutes sur les effets réels de l'ouverture du tunnel de base en matière d'évolution des trafics. Il estime que cette augmentation a peu de chances d'être suffisante avant 2038 pour rendre utiles les accès, dont il souligne que la nécessité est liée au volume de trafic fret. Il reste dans un scénario global, axé sur la croissance des volumes de trafic, où les deux infrastructures sont liées. C'est compréhensible, car c'est le seul scénario étudié. À force de dire que les accès sont indispensables, les défenseurs du projet, comme le comité pour la Transalpine, accréditent l'idée que ce scénario particulier, construit avec l'autoroute ferroviaire à grand gabarit, serait le seul qui permette de rentabiliser le projet.

Je ne conteste pas que ce scénario soit un des avenirs possibles. Si la croissance des circulations de fret se révèle aussi importante, les nouveaux accès deviendront bien nécessaires. Je dis seulement que cette croissance forte n'est pas certaine, ni même souhaitable, et que, si les trafics de fret restaient stables ou évoluaient peu, en nombre de trains par jour, le tunnel comme les accès garderaient une utilité propre, qu'il conviendrait d'évaluer séparément.

Bruxelles a un discours plus ouvert. Dans une vision européenne, chaque projet contribue à améliorer la situation du réseau ferré, dans une perspective à la fois environnementale et économique. L'Europe sait que les besoins auxquels répondent les grands corridors de transport sont multiples. Elle a conduit, en 2014 et en 2017, des études d'ensemble sur les différents corridors, recensant leurs insuffisances ou leurs limites, en qualité comme en capacité. Les tunnels de base apparaissent prioritaires pour rechercher un gain de productivité du fret à l'échelle européenne, mais l'aménagement de leurs accès est également utile pour améliorer la qualité des circulations, pour le fret comme pour les voyageurs. Des questions de gabarit des voies, de charge à l'essieu, de longueur des trains, d'électrification doivent encore être réglées, en priorité chez nos voisins, alors que nos lignes d'accès offrent déjà d'assez bonnes caractéristiques. La lutte contre le bruit est également citée pour permettre des hausses de trafic sur les lignes existantes.

En étudiant de près les études socio-économiques, j'ai tenté de reconstituer ce que chaque tronçon de notre programme permet de gagner. J'ai fait d'autres hypothèses de scénario de réalisation que celles qui ont été retenues au départ. Le rapport Brossier m'a donné envie d'aller plus loin sur le sujet du report modal dans les études socio-économiques, je le ferai également sur cette question du scénario de phasage des investissements.

Pour revenir à la théorie de Kingdon, et en simplifiant un peu les choses, la décision de construire le tunnel de base résulte de l'alignement entre le problème des flux excessifs de camions dans les Alpes, la solution d'un tunnel de faible altitude et la volonté, principalement européenne, de favoriser le rail pour le transport des marchandises. Cet alignement n'a pas provoqué le lancement des accès, tels qu'ils sont définis par la déclaration d'utilité publique de 2013. En premier lieu, pour appliquer cette théorie, je pense qu'il faudrait distinguer, au sein de ces accès, la ligne mixte entre Lyon et Chambéry, prévue en première phase, et la seconde phase constituée des tunnels sous la Chartreuse et sous Belledonne, à une voie, pour le fret. Ces deux parties visent en effet des objectifs sensiblement différents, elles ne répondent pas aux mêmes problèmes. Faudra-t-il aller plus loin et chercher dans la poubelle d'autres solutions, déjà étudiées ou à étudier ?

Tout dépendra probablement du problème qui émergera, au sens où l'entend Kingdon, c'est-à-dire de ce que la population identifiera comme une raison majeure d'agir pour que cela change. L'actualité des transports peut nous donner une petite idée de ce que nous souhaitons en priorité, collectivement.

LES ÉTUDES SOCIO-ÉCONOMIQUES

ÉVALUER FINANCIÈREMENT L'INTÉRÊT COLLECTIF DU PROJET

En quoi le projet Lyon-Turin peut-il contribuer à répondre à nos aspirations collectives ? Le calcul socio-économique est destiné à rendre mesurables les différents avantages apportés par un projet, ce qui permet, en en faisant la somme, de donner un résultat chiffré qui traduit l'intérêt collectif de le réaliser.

Les études techniques du tracé permettent d'évaluer le coût de construction, avec une précision et une fiabilité qui s'améliore progressivement en affinant le détail du tracé. Parallèlement, les études économiques et socio-économiques vont mesurer l'argent que gagneront les opérateurs de transport et la collectivité grâce au projet. Ces gains sont attendus chaque année après la mise en service du projet. En comparant ce gain, réparti dans la durée, avec l'investissement initial, on en déduit un taux de rentabilité du projet. La méthodologie de ce calcul est assez complexe, mais elle doit être appliquée scrupuleusement dans tous les dossiers, de façon à disposer d'une mesure commune, qui permette des comparaisons dans le temps et entre différents projets.

À la différence des études économiques, qui se limitent aux dépenses et aux recettes financières directes que génère un projet, les études socio-économiques tentent, autant que possible, d'attribuer une valeur monétaire à tous les effets du projet sur l'ensemble de la société. La sécurité des déplacements, le confort, la réduction de la congestion des autres modes de transport, les différents types de pollution et le bilan carbone, sont autant d'« effets externes » des projets.

Ce calcul est obligatoire avant toute décision de construire une infrastructure. Le bilan économique et socio-économique fait partie des informations à fournir sur le projet dans les différentes enquêtes publiques ou consultations. Théoriquement, la collectivité devrait privilégier les projets avec les meilleurs taux de rentabilité. En réalité, l'expérience montre que ce critère est loin d'être le seul et qu'il est rarement décisif. J'observe d'ailleurs que la théorie de Kingdon n'y fait même pas allusion. Doit-on considérer que ce critère est réservé aux spécialistes ? Je ne me considère pas comme un spécialiste des calculs économiques. Je faisais partie du groupe technique et sécurité, alors qu'un autre groupe de travail était chargé des questions économiques et financières.

Je me suis intéressé aux résultats des études socio-économiques pour avoir une vision la plus complète possible du projet. J'ai tenté de bien les comprendre et d'en faire une synthèse, pour les rendre accessibles à tous, parce que je crois qu'ils peuvent fournir une aide précieuse pour la conduite des projets, à condition de connaître leurs limites et de comprendre ce qu'ils veulent dire.

Les études socio-économiques que je connaissais faisaient apparaître que le principal avantage apporté par les autoroutes ou les lignes ferroviaires à grande vitesse, est un gain de temps pour chaque voyageur qui l'utilise. Le temps c'est de l'argent, c'est bien connu, le tout est de savoir combien vaut une heure gagnée. Pour cela, les économistes nous disent que la valeur du temps est révélée par les modèles de trafic. J'ai mis un peu de temps à comprendre ce que cela veut dire, mais voici comment je l'interprète : lorsque des voyageurs ont le choix entre plusieurs solutions pour aller d'un point A à un point B, on part du principe qu'ils préfèrent à la fois le mode le plus rapide et le plus économique. Quand ils doivent choisir entre vitesse et économie, ils se répartissent entre plusieurs solutions. En observant leurs choix dans un grand nombre de situations réelles, on arrive à trouver une équivalence entre un coût supplémentaire à payer et une heure gagnée. Le résultat est par exemple de 13,70 €/heure pour un automobiliste, ou de 45,70 €/heure pour un passager aérien (selon les directives officielles de 2001). C'est cela la valeur du temps. Nos comportements d'homo œconomicus montrent que nous courrons toujours après le temps et nous en déduisons ce que nous gagnerons, individuellement, en nous déplaçant plus vite. Cela me pose quelques questions philosophiques, mais je reconnais que ce calcul est parfaitement logique et intéressant, à condition de comprendre ce sur quoi il repose. En Afrique, où j'ai travaillé pendant sept ans, les Africains nous disaient que nous, Européens, qui vivions avec une montre au poignet, nous avions l'heure, mais qu'eux avaient le temps ! La valeur du temps est donc bien une donnée sociologique. Je me dis que si, collectivement, nous évoluions vers un mode de vie moins trépidant, les calculs aboutiraient probablement à un montant moins élevé.

La lecture du rapport Brossier de 1998 m'a confirmé cette prédominance généralement accordée aux gains de temps. Ce que j'ai beaucoup apprécié dans ce rapport, c'est que ses auteurs proposent une évaluation très simplifiée pour rendre accessible le calcul socio-économique. Grâce au nouveau tunnel, les 6 millions de passagers par an qui y circuleront gagneront chacun une heure de trajet par rapport à la situation actuelle. Avec une valeur de 15 € de l'heure, ils calculent que cela fait 90 millions d'euros gagnés chaque année.

Ils n'oublient pas de majorer le trafic de 10 %, au titre des effets induits : ce sont les voyageurs nouveaux, qui décident de se déplacer grâce à l'attractivité supplémentaire du nouveau tunnel. Ceux-là gagnent deux fois moins que ceux qui voyageaient déjà par l'ancien itinéraire. Pourquoi deux fois moins ? C'est d'une logique imparable ! Je ne résiste pas au plaisir de raconter ce raisonnement, qui illustre si bien la façon dont les économistes analysent nos comportements. Les voyageurs obéissent scrupuleusement à la logique économique et ne se déplacent que si leur intérêt à se déplacer dépasse le prix à payer, évalué en valeur « coûts + temps » : donc, s'ils ne se déplaçaient pas avant l'ouverture du tunnel et qu'ils se déplacent après, c'est que leur intérêt à se déplacer est situé quelque-part entre l'ancien prix à payer et le nouveau prix, qui est plus faible de 15 € grâce au gain de temps d'une heure. En moyenne, en supposant que ces nouveaux voyageurs se répartissent uniformément entre ces deux extrêmes, on retient que leur intérêt à se déplacer vaut l'ancien prix moins 7,5 €. Comme ils vont payer l'ancien prix moins 15 €, ils vont gagner en moyenne 7,5 € grâce au nouveau tunnel. D'où un gain de 4,5 millions d'euros pour 0,6 million de passagers supplémentaires. Total 94,5 millions d'euros gagnés par an. Cela représente 0,7 % du coût supposé de construction du tunnel.

Le rapport Brossier aborde ensuite l'avantage apporté par le tunnel pour le transport des marchandises. Comme pour les voyageurs, ils retiennent le gain de temps. Mais la valeur du temps est moins facile à évaluer : ils évoquent une fourchette de 0,40 € à 1,50 € par tonne et par heure, et retiennent la valeur maximum. Pour le temps gagné avec le nouveau tunnel, ils prennent cinq heures, pour tenir compte des saturations de l'ancien itinéraire. C'est une hypothèse maximale, puisqu'en l'absence de saturation, le gain de temps apporté par le nouveau tunnel pour les trains de marchandises est de l'ordre d'une heure. Le trafic pourrait croître jusqu'à 20 millions de tonnes par an. Ces hypothèses leur paraissent très favorables, mais au total, ils concluent que cela ferait au maximum 150 millions d'euros de gains par an, soit 1,2 % du coût du tunnel, juste un peu plus que pour les voyageurs.

Ce pourcentage de gain annuel n'est pas tout à fait la même chose qu'un taux de rentabilité, mais il s'y apparente. Ils savent par expérience qu'avec 1,9 % de gain annuel, voyageurs et marchandises confondus, la rentabilité serait d'environ 1,5 %. C'est notoirement insuffisant, un projet étant jugé rentable à partir de 4 ou 5 %. Ils concluent qu'il faudrait que les gains environnementaux soient considérables pour justifier la construction du tunnel. Je comprends vite qu'ils n'y croient pas, les gains de temps représentant habituellement la plus grosse part des économies possibles. Je les remercie beaucoup pour la clarté de ces approximations précieuses, qui vont me permettre de poursuivre mon propre raisonnement.

Une petite phrase du rapport Brossier au sujet des marchandises attire encore mon attention : « il faut observer que les prévisions ne font pas apparaître d'induction de trafic ». Contrairement aux voyageurs qui viennent plus nombreux lorsqu'on leur propose une nouvelle infrastructure, les volumes de marchandises restent stables. Est-ce une réalité ? Je ne pense pas que ce soit vrai, il n'y a qu'à voir le développement des trafics des poids lourds à l'ouverture des tunnels routiers du Mont-Blanc, puis du Fréjus. Je crois que cela signifie seulement que les économistes n'ont pas réussi à mesurer cet effet, manquant peut-être de cas réels à observer, et considérant aussi que la plupart des infrastructures nouvelles bénéficient davantage aux voyageurs qu'aux marchandises. Les prévisions de trafic ont donc négligé cet aspect du trafic induit, ce qui peut se comprendre comme une approche prudente. Le trafic resterait globalement identique, sur le rail comme sur la route, modifiant seulement sa répartition entre les différents points de passage à l'ouverture du nouveau tunnel.

En allant plus loin dans les rapports socio-économiques, j'ai compris comment marchent les modèles sur ordinateur. La répartition modale des trafics de marchandises, entre le fer et la route, est faite par la machine en fonction de la nature des marchandises, sans tenir compte des caractéristiques des réseaux de transport. Ensuite intervient le module de choix des itinéraires propres à chaque mode, qui prendra en compte les distances, les capacités des différents passages et les coûts d'usage. L'apparition d'une nouvelle infrastructure n'est prise en compte que dans cette seconde étape.

Les modèles ont été conçus dans un contexte de croissance des flux. Lorsqu'on met en avant la capacité des itinéraires (la taille des tuyaux) pour écouler un trafic croissant, la solution consistant à répartir séparément les trafics des deux modes, en fonction des perspectives générales d'évolution de chacun des modes, était satisfaisante. Par contre, pour mesurer l'influence d'un projet pour basculer d'un mode sur l'autre, il faudrait reconsidérer totalement les modèles. Je pourrais imaginer faire les calculs dans l'ordre inverse : d'abord répartir les trafics itiné-raire par itinéraire, route et rail confondus, puis répartir les flux entre la route et le rail en fonction des caractéristiques des infra-structures propres à l'itinéraire considéré. Ceci permettrait de prendre en compte l'effet d'un projet sur les choix des utilisa-teurs en faveur du mode le plus intéressant. Les modèles exis-tants ne permettent pas de le faire. Ils font comme si l'existence ou non d'une nouvelle infrastructure ferroviaire ne modifiait en rien la décision d'un acteur de la logistique de choisir le rail plutôt que la route.

Les premières études de trafic, disponibles en 1998 pour la mission Brossier, ont été approfondies en 2003, à l'aide d'un premier modèle multimodal classique. Le trafic prévu dans le nouveau tunnel est sorti de l'ordinateur à 19 millions de tonnes en 2015 (à la date estimée de l'ouverture du tunnel) et 30 millions de tonnes en 2030. Aux mêmes dates, sans le nouveau tunnel, le trafic que l'on appelle trafic de référence, aurait été de 13 millions de tonnes en 2015, et 17 millions de tonnes quinze ans après, sur la ligne actuelle, par Modane. Le nouveau tunnel attirait bien un trafic supplémentaire de 6 millions de tonnes à son ouverture et de 13 millions de tonnes en 2030. Mais ce dernier provenait uniquement des autres passages ferroviaires, suisses ou autrichiens, sans rien changer aux trafics routiers, ni en France ni dans les autres pays. Il restait toujours 44 millions de tonnes en 2015 et 62 millions de tonnes en 2030 dans les tunnels routiers du Mont-Blanc et du Fréjus, que le Lyon-Turin soit construit ou non.

Ce problème n'a pas échappé aux économistes chargés des études. La raison d'être de ce tunnel était de retirer des camions des passages routiers. Comment allait-on traduire cette possibilité ? Ils ont trouvé une solution en utilisant un artifice, grâce à l'autoroute ferroviaire ! Cela aussi vaut la peine d'être raconté. Pour que l'ordinateur soit en mesure de faire basculer une partie du trafic routier vers le nouveau tunnel, il suffit de lui dire que le nouveau tunnel ferroviaire est un itinéraire routier supplémentaire, ouvert aux camions. Ainsi le module de répartition par itinéraire lui affectera une partie du trafic, en fonction de la distance à parcourir et d'un niveau de coût à déterminer, délestant d'autant les vrais tunnels routiers. Le nouveau tunnel allait ainsi cumuler deux sortes de trafic, le ferroviaire classique et l'autoroute ferroviaire. Les bureaux d'études ont ainsi amélioré leur modèle multimodal, pour que l'autoroute ferroviaire apparaisse comme un mode routier dans la machine, et se présente comme un mode ferroviaire dans les résultats.

Les résultats sont sortis en février 2006. Le trafic de 2030 était toujours de 17 millions de tonnes sans le projet, mais montait à 40 millions de tonnes avec le projet, dont 12 millions de tonnes sur l'autoroute ferroviaire. Le trafic routier des tunnels du Mont-Blanc et du Fréjus en 2030 passait de 62 à 51 millions de tonnes, soit une diminution de 11 millions de tonnes grâce au projet. L'objectif des économistes, soucieux de la crédibilité de leurs modèles, était atteint.

Le problème du report modal paraissait résolu. Mais cette solution a créé un autre problème, tout aussi gênant à mon avis que le précédent. Je me suis demandé comment avait été modélisé le passage par l'autoroute ferroviaire pour les camions. C'est un sujet complexe, car les investissements nécessaires pour créer ce service sont considérables, entre les locomotives, les wagons, les chantiers de chargement, les voies d'accès, les parkings. Comment amortir ces investissements dans la durée, avec quel niveau de trafic ? Il a été pris comme postulat que les navettes ferroviaires seraient à grand gabarit, transportant les poids lourds complets avec leurs chauffeurs, comparables à celles qui circulent dans le tunnel sous la Manche. Ces navettes ne peuvent circuler que sur des voies nouvelles. Elles sont en effet à la fois plus larges et plus hautes que les trains qui circulent sur les voies classiques et il serait très coûteux d'élargir les plateformes existantes pour écarter les voies et de reprendre tous les ponts, tunnels et tranchées. Leur trajet a été introduit de Lyon à Orbassano, près de Turin, sur environ 300 km, ce qui semblait une distance favorable pour attirer les poids lourds. En conséquence, il fallait supposer que la voie nouvelle était déjà construite sur toute sa longueur pour voir se développer l'autoroute ferroviaire à grand gabarit. Avec de telles hypothèses, le report modal n'était effectif que lorsque la quasi-totalité du programme Lyon-Turin était réalisé. Le tunnel de base ne servait donc à rien tant que les accès n'étaient pas en service. Voilà donc l'origine de cette idée qui domine encore aujourd'hui : les accès sont indispensables ! Une fois de plus, les résultats des modèles sont pris pour des conclusions, alors que ce ne sont que des hypothèses ayant servi à la modélisation.

Les calculs économiques résultant de ce modèle de trafic ont naturellement confirmé cette mauvaise compréhension de l'utilité du Lyon-Turin. Pour les marchandises, les avantages du projet provenaient principalement de cette autoroute ferroviaire à grand gabarit, puisque c'est seulement de là que venait le report modal prévu. Les économies que fera la société, au niveau de la pollution, de la congestion des autoroutes, de l'énergie, de la sécurité, sont portées au crédit de l'autoroute ferroviaire.

Le calcul de ces avantages figure dans le dossier d'enquête publique de 2012, sous la rubrique « effets externes » : leur valeur monétaire, cumulée sur 50 ans est de 11 milliards d'euros dont 10 milliards pour les marchandises et 1 milliard pour les voyageurs. Le report modal permet également une réduction des charges d'exploitation pour les opérateurs de transport : ces économies directes sont de 10,6 milliards d'euros pour le fret et 1,7 milliards pour les voyageurs.

Le dossier de 2012 donne une valeur similaire aux gains de temps, qui totalisent 12,6 milliards d'euros, dont 4,8 milliards pour les voyageurs et 7,8 milliards pour le fret. Au passage, je constate que ces ordres de grandeur sont bien cohérents avec ceux qu'avait retenus le rapport Brossier pour le seul tunnel de base. C'est un peu plus du double pour le projet complet par rapport montant attribué au tunnel, ce qui est cohérent avec les gains de temps dans les deux cas, en respectant bien la part relative apportée par les voyageurs et par les marchandises.

L'équipe Brossier ne disposait pas du chiffrage des effets externes, et ne parlait pas des économies d'exploitation, alors qu'en 2012, ces montants sont apparus aussi importants que les gains de temps. Mais le modèle économique de 2012 lui a donné raison : il ne fallait pas compter ces avantages pour évaluer seulement le tunnel de base, sans les accès, puisque ces derniers sont nécessaires pour profiter des effets de l'autoroute ferroviaire, dont dépendent ces avantages. Bravo, M. Brossier !

Pourtant, cela n'a pas empêché que la décision soit prise, en 2015, de construire le tunnel de base avant les accès. J'ai entendu M. Alain Bonnafous, ancien directeur du laboratoire d'économie des transports de Lyon, dire : « Quand on dit qu'une décision est politique, c'est souvent parce qu'elle est une aberration économique ». Cet avis est la conséquence logique de l'importance qu'il attribue aux calculs économiques.

Mais je ne crois pas que ce jugement sévère soit applicable au tunnel de base, parce que les études économiques m'ont conduit à faire un autre raisonnement que celui qui a été retenu par Christian Brossier ou les économistes des transports que j'ai côtoyés, comme Alain Bonnafous ou Yves Crozet, qui lui a succédé à la tête du laboratoire d'économie des transports de Lyon, et qui participait à l'émission « Pièces à conviction » de 2015.

Je vais résumer la situation avec des chiffres ronds, pour faciliter l'exposé de ce que j'ai retenu des études, en reprenant les données détaillées du dossier de l'enquête publique de 2012.

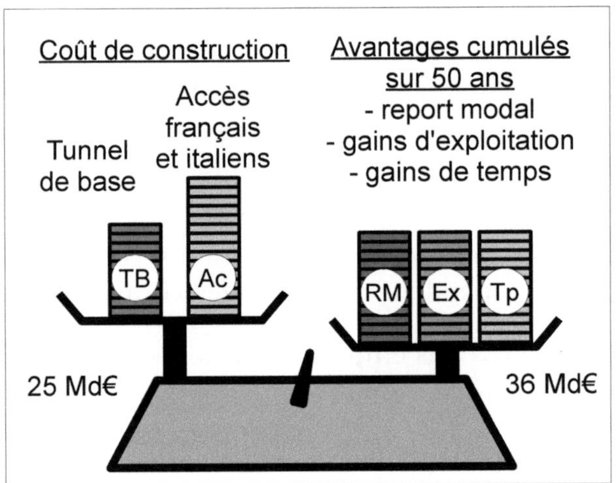

Illustration 14: Le bilan socio-économique du programme complet, supposé réalisé en 2035, est satisfaisant.

Le programme Lyon-Turin complet coûte 25 Md€, dont 10 Md€ pour le tunnel de base seul. Les avantages cumulés, apportés par le projet complet sur une période de cinquante ans, se répartissent en trois paquets équivalents :
- 12 Md€ pour les gains de temps : 40 % pour les voyageurs, 60 % pour le fret,
- 12 Md€ d'économies d'exploitation, à 90 % pour le fret,
- 12 Md€ pour les effets externes, à 85 % pour le report modal du fret.

Dans l'hypothèse où toute la liaison serait mise en service vers 2035, elle coûterait 25 Md€ et rapporterait 36 Md€. En langage économique, on dit que la différence entre ces deux montants, appelée « valeur actualisée nette », est positive de 11 Md€. Le taux de rentabilité socio-économique qui résulte des calculs est de 5 %. Selon des directives officielles, il s'agit d'un taux suffisant pour que la réalisation du projet d'ensemble en 2035 ne soit pas une aberration économique. Cela ne serait pas non plus l'affaire du siècle, et je peux comprendre que la mission Brossier ait proposé d'attendre un peu, car habituellement, la rentabilité des projets augmente si l'on décale le calendrier. Nous nous situons dans une zone intermédiaire.

J'accorde une relative importance à ce constat. Le résultat ne permet ni de justifier une attitude farouchement opposée au projet complet, ni de le prétendre indispensable. L'argument économique n'est pas décisif. Il l'est d'autant moins que ce calcul fait apparaître une marge d'incertitude importante. Le résultat dépend en grande partie du taux de croissance future des économies européennes. D'autres scénarios de croissance ont été testés : une croissance plus forte que le scénario retenu conduirait à un taux de rentabilité de 6 %, une croissance plus faible réduirait la rentabilité à 3,5 %.

Ce qui me paraît le plus important à rappeler, pour comprendre ce que dit le calcul, c'est qu'il raconte une histoire imaginaire, en partant de l'observation du passé. Il nous explique comment la construction du projet complet pourrait influer sur cette histoire imaginaire. En fait, l'histoire racontée par les premiers modèles manquait totalement d'imagination. L'avenir allait suivre les tendances passées, ce que nous résumions par l'expression de conduire une voiture en regardant dans le rétroviseur. La croissance du marché était soutenue, et la route comme le fer suivaient cette croissance, comme cela avait été observé pendant les vingt dernières années. Nous étions avant les crises économiques de 2001 et de 2008.

L'erreur la plus visible, après coup, des prévisions de l'époque, en dehors d'une croissance trop élevée, est d'avoir maintenu trop de marchandises sur le rail. Nous pensions en 1998 que le trafic à Modane allait continuer à croître pour atteindre 19,5 millions de tonnes en 2010. En réalité, il n'y est passé que 3,9 millions de tonnes cette année-là. Le rapport Brossier disait bien que le marché avait choisi sans équivoque le mode routier, plus souple et plus adapté aux besoins de la logistique, mais ce constat n'était peut-être pas encore assez visible dans le rétroviseur pour que les modèles économiques en tiennent compte.

L'histoire racontée par les études de 2003 et de 2006 a fait preuve de davantage d'imagination en introduisant l'autoroute ferroviaire à grand gabarit. La croissance du mode ferroviaire classique a été revue à la baisse, avec un trafic fret à Modane de 17,1 millions de tonnes en 2017 dans la projection présentée en 2006. C'est encore beaucoup trop, la réalité fut de 3,4 millions de tonnes en 2017, mais poursuivons le récit de cette histoire. En 2017, le nouveau tunnel était supposé entrer en service, après la ligne Lyon-Montmélian, mais avant le tunnel de Belledonne si bien que le trafic restait de 17,2 millions de tonnes par an après son ouverture. En gros, cela signifiait que les seuls avantages socio-économiques liés à l'ouverture du tunnel seraient la partie des gains de temps et d'exploitation apportés par ce tunnel, pour ces 17,2 millons de tonnes de fret, soit de l'ordre de 4 Md€.

Ajoutons 1 Md€ pour les voyageurs, nous obtenons 5 Md€ au total. Ce n'est que la moitié du coût de construction du tunnel. En affichant ces trafics, la modélisation conclut à l'absence de rentabilité du tunnel de base seul, comme le disait M. Brossier.

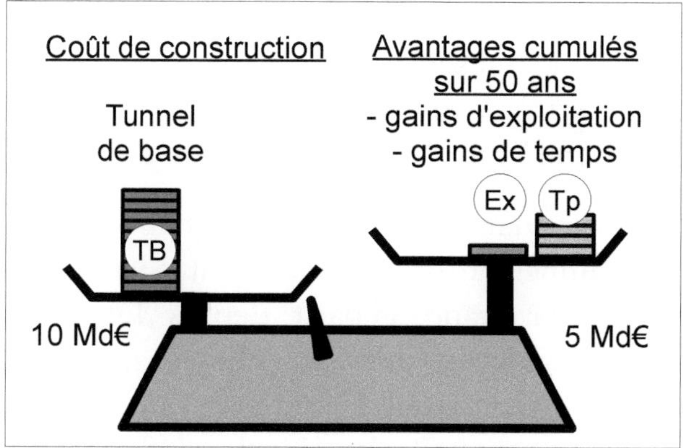

Illustration 15: En l'absence de report modal, la rentabilité du tunnel de base serait insuffisante.

Il fallait attendre 2030 et la réalisation complète des accès pour voir le fret classique passer à 27 millions de tonnes et l'autoroute ferroviaire monter à 12 millions de tonnes. La hausse du fret classique provenait d'une baisse sur les autres passages alpins, sans aucun report modal, seulement un gain de temps grâce à la capacité offerte par les nouveaux itinéraires d'accès au tunnel. Au contraire, l'autoroute ferroviaire provenait en totalité d'un report du mode routier, avec tous les avantages socio-économiques que permet le report modal. La rentabilité devenait alors intéressante pour le programme complet.

En 2012, pour l'enquête d'utilité publique des accès français, les études ont intégré un changement de calendrier. Au lieu d'envisager deux dates, 2017 pour le tunnel de base et 2030 pour le projet complet, il en a été retenu quatre :
- 2020 pour la première phase des accès de Lyon à Chambéry,
- 2025 pour le tunnel de base et la seconde phase des accès, avec un tube des tunnels de Chartreuse et de Belledonne à grand gabarit pour le fret seul,
- 2030 pour le deuxième tube de ces tunnels,
- 2035 pour la ligne à grande vitesse de Lyon à Avressieux.

L'autoroute ferroviaire pouvait de ce fait être envisagée dès l'ouverture du tunnel de base, bénéficiant à cette date d'un itinéraire complet à grand gabarit depuis Lyon. Le trafic pouvait ensuite augmenter avec les phases suivantes. Ainsi modifiée, l'histoire aboutissait à peu près au même résultat final. Mais elle ne permettait plus d'isoler l'effet du tunnel de base dans les projections de trafic, puisque les accès existaient en partie au moment de son ouverture.

L'adoption de ce nouveau scénario, tout aussi imaginaire que le précédent, ne pouvait que confirmer l'idée que les accès étaient nécessaires pour permettre au tunnel de base de donner ses premiers effets.

RACONTER UNE AUTRE HISTOIRE POUR ÉVALUER L'INTÉRÊT DU TUNNEL

J'ai commencé à comprendre un peu avant 2012 combien cette histoire était éloignée de la réalité que j'observais depuis le début des années 2000, lorsque le fret ferroviaire amorçait sa chute entre la France et l'Italie. J'en ai discuté avec des collègues. J'ai eu plus d'écoute de la part des Italiens, qui ne croyaient pas vraiment au concept français d'autoroute ferroviaire à grand gabarit. Pour eux, l'avenir était au transport combiné, ne prenant pas en charge les camions complets avec leur chauffeur, mais seulement la remorque routière ou le conteneur. Mais personne ne pensait opportun de remettre en cause des années d'études, au moment où nous préparions l'enquête d'utilité publique des accès français. Cela aurait également perturbé les discussions avec les opposants du côté italien. Je n'ai pas insisté, constatant que, pour mes interlocuteurs, cette histoire imaginaire ne posait pas de problème grave. Si le projet d'ensemble était rentable dans le cadre de cette histoire, cela suffisait pour penser qu'il le serait également dans un autre contexte.

J'ai tout de même obtenu un résultat symbolique, qui est sans doute passé complètement inaperçu : dans un des derniers rapports du groupe technique et sécurité adressés à la CIG, le terme « d'autoroute ferroviaire à grand gabarit » a été remplacé par l'expression « autoroute ferroviaire à grand gabarit ou transport combiné à haute capacité ». Cela faisait plaisir aux

Italiens, et pour moi, cela autorisait une autre lecture de l'histoire officiellement racontée dans les études.

Le train de transport combiné à haute capacité auquel nous pensions, aurait un poids total remorqué supérieur à 2 000 tonnes et pourrait atteindre 4 000 tonnes. Il ne peut pas passer par le tunnel existant à cause de la pente excessive de la ligne montant à Modane, qui est limitée à 1 600 tonnes tractées. Par contre, il pourrait utiliser les lignes existantes de part et d'autre du tunnel de base dès son ouverture, sans ligne nouvelle pour les accès, grâce au fait que ces lignes ont des pentes inférieures à 12 ‰ et que ce train passe sans problème dans leur gabarit B1. Son équilibre d'exploitation aurait toutes les chances d'être meilleur que celui de l'autoroute ferroviaire à grand gabarit car il pourrait transporter davantage de tonnes utiles, sous la forme de conteneurs ou de remorques routières sans leur tracteur. De plus, le report modal qui en découlerait serait plus intéressant, parce qu'il circulerait sur des trajets plus longs, entre les chantiers de transport combiné existants dans toute l'Europe, et pas uniquement de Lyon à Orbassano.

En introduisant ce nouveau train dès l'ouverture du tunnel de base, en substitution du trafic routier, dans le modèle informatique, on pourrait viser un report modal équivalent à celui de l'autoroute ferroviaire, soit 12 millions de tonnes. La capacité des accès existants étant limitée, ces nouveaux trains empêcheraient peut-être le trafic des trains classiques de revenir des passages suisses ou autrichiens vers le passage français. Mais ce n'est pas grave, car ce détournement d'itinéraire ne produit pas de report modal et ne génère pas d'avantages significatifs, si je garde les hypothèses de construction du modèle. Les résultats du calcul sur le projet complet ne seraient pas très différents. Mais cela changerait tout pour le tunnel de base seul, sans les accès : l'avantage économique lié au report modal serait tout de suite acquis, tant pour les coûts externes que pour les gains d'exploitation. En réduisant les avantages liés aux gains de temps, j'estime grossièrement que le total des avantages cumulés serait de l'ordre de 25 milliards d'euros, pour 10 milliards d'euros d'investissement.

Voilà de quoi faire du tunnel de base le projet ferroviaire le plus rentable jamais étudié ! Pour gagner en crédibilité, j'imagine alors qu'il serait possible de trouver un juste milieu entre ces deux récits extrêmes. Je reprends mon histoire avec un report modal de 6 millions de tonnes seulement : il suffirait en effet de ce trafic reporté deux fois moindre, pour obtenir un gain cumulé sur cinquante ans de l'ordre de 15 milliards d'euros, supérieur au coût du tunnel. Cela lui conférerait une rentabilité très honorable, dans un calcul qui conserverait les paramètres et les valeurs unitaires que nous utilisons habituellement, simplement en changeant de façon d'imaginer l'avenir.

Mon histoire imaginaire a peu de chances de se réaliser, mais peut-être pas beaucoup moins que l'histoire officielle. Elle ne constitue pas une prévision : les résultats obtenus sont seulement la conséquence des hypothèses introduites au départ dans le modèle, notamment le report de 6 millions de tonnes de la route vers le rail après l'ouverture du tunnel.

L'histoire officielle fait la même chose, en supposant que l'autoroute ferroviaire entre Lyon et Turin va capter une part des trafics routiers après la réalisation des accès. Rien ne permet d'affirmer que ce report aura bien lieu, à ce moment-là, même si cette hypothèse a été jugée crédible par les économistes. Tout ce que montrent les calculs, c'est que si l'une ou l'autre des histoires se réalise, alors la rentabilité du projet est acceptable.

L'intérêt des calculs économiques repose essentiellement sur la crédibilité des hypothèses prises pour modéliser l'évolution des trafics. Avant l'expérimentation de l'AFA, l'autoroute ferroviaire à grand gabarit, en mode accompagné, semblait prometteuse. Aujourd'hui, compte tenu du succès de la formule non accompagnée, j'ai de sérieux doutes.

L'apparition de trains de transport combiné à haute capacité entre la France et l'Italie après l'ouverture de notre tunnel de base me semble plus probable, compte tenu du contexte européen. Certes, ils pourraient commencer à circuler en empruntant les itinéraires suisses dès que leurs tunnels de base seront ouverts. Pour évaluer leur progression, il faudrait raisonner globalement sur tous les tunnels de base des Alpes, à condition de reconnaître que leur construction dans leur ensemble aura bien un rôle déterminant sur les évolutions que connaîtra le mode ferroviaire en Europe dans les prochaines années. Mais cela n'est pas facile à admettre pour un économiste habitué à regarder dans le rétroviseur !

Je pense que mon histoire n'était pas suffisamment conforme aux instructions officielles pour avoir une chance d'être acceptée, au début des années 2000. Si je la raconte dans ce livre, en 2020, c'est en premier lieu pour faire comprendre qu'il ne faut jamais croire, les yeux fermés, aux histoires des prévisions de trafic contenues dans les dossiers …

Tout ce que je viens d'écrire ne me conduit pas à rejeter en bloc le calcul socio-économique. Même si les évolutions des trafics sont des histoires imaginaires qui ont peu de chances de se réaliser, les calculs restent très instructifs. Ils m'ont permis d'en déduire qu'il suffirait d'un report modal de 6 millions de tonnes de marchandises de la route vers le fer, soit 375 000 poids lourds par an, pour que les avantages que la société en tirera soient largement supérieurs au coût de construction du tunnel. C'est le quart du trafic des poids lourds qui passent par les tunnels du Fréjus et du Mont-Blanc.

Je ne sais pas de combien sera en réalité ce report avec le tunnel seul, mais je pense que nous sommes nombreux à souhaiter qu'il soit beaucoup plus fort. Pour avoir une première indication, il faudra analyser les évolutions des trafics traversant la Suisse sur l'itinéraire du Gothard, après l'ouverture du tunnel du Ceneri, prévue fin 2020. Puis viendra l'ouverture du tunnel de base du Brenner, vers 2028, entre l'Autriche et l'Italie, grâce auquel un report modal de 1,2 million de poids lourds par an est espéré dans les études, sans nouvelles voies d'accès et sans autoroute ferroviaire à grand gabarit.

Je respecte profondément le travail d'analyse et de recherche qui a été conduit par des équipes sérieuses et compétentes, pendant des années. Leur expérience les a conduites à corriger à plusieurs reprises leur prévision pour répondre à la commande qu'elles avaient reçue, en engageant leur responsabilité sur la qualité du travail fourni. Je pense sincèrement que le résultat final auquel elles sont parvenues est crédible, mais seulement pour le projet complet en 2035, le travail ayant été produit dans le but d'approcher au mieux ce résultat final, conformément aux directives officielles. Elles ont annoncé un report de l'ordre de 750 000 poids lourds, avec une marge d'incertitude de 20 % à 30 %. J'aurais tendance à considérer que la marge d'incertitude est plutôt de 50 %, sans remettre en cause l'ordre de grandeur de cette prévision pour le projet complet.

Par contre, je considère que leur travail ne répond pas à la question du report possible avec le tunnel seul. Cette question ne leur a pas été posée. Le reproche que je fais aux analyses socio-économiques est de laisser penser que ce report serait nul, alors que cette supposition n'est pas le résultat d'une expertise ni d'un calcul. Elle découle uniquement du choix d'une méthode d'analyse, modélisée dans l'ordinateur. Le plus important à mes yeux est de savoir que le chemin emprunté pour atteindre la situation finale du programme complet est tellement contraint par les modèles informatiques, qu'il ne respecte pas la réalité, et qu'il faut se garder de toute considération résultant seulement du choix de ce chemin.

Dans la vraie vie, tout bouge en même temps, l'économie, les techniques de transport, les infrastructures. Nous évoluons dans nos habitudes en fonction de tous ces facteurs, selon des mécanismes également fluctuants. Un modèle informatique ne sera capable, dans la plupart des cas, que de traiter les facteurs un à un, selon des règles fixées à l'avance. Ceci nous oblige à choisir un ordre dans lequel nous ferons varier les différents facteurs.

C'est comme si l'on devait gravir une montagne. Pour se retrouver au sommet, il y a un sentier qui serpente. Comment pourrait-on décrire ce chemin à l'aide d'une machine qui ne serait capable d'effectuer que des déplacements verticaux ou horizontaux ? Soit on commence par grimper verticalement, puis on se déplace latéralement jusqu'au sommet, ou bien l'inverse, en allant se placer horizontalement juste en dessous du sommet, puis en grimpant verticalement. Dans les deux cas nous serons bien au sommet à l'arrivée. Mais il ne faudrait pas en déduire que le sommet n'est accessible qu'aux oiseaux ou aux taupes, sous prétexte que le milieu du chemin décrit par la machine est soit très haut dans les airs, soit très profond sous terre, suivant la façon dont nous avons programmé le modèle.

À ce propos, en France, avec notre beau TGV, nous avons été plutôt taupes, mettant en premier le déplacement horizontal à grande vitesse, pour gagner du temps, et nous avons ensuite continué notre trajectoire en traitant la question de l'altitude à franchir pour le fret. Les Suisses ont été plutôt oiseaux, habitués qu'ils sont aux hautes montagnes, ils ont placé en priorité leur tunnel de base, pour le report modal des marchandises. Les voyageurs en profitent de façon secondaire.

Plus sérieusement, j'ai constaté une réelle différence d'approche entre le tunnel du Gothard et celui du Lyon-Turin. La plaquette de présentation du Lyon-Turin, critiquée avec raison par M. Ibanez dans l'émission « Pièces à conviction », mettait en avant le gain de temps permis par le projet d'ensemble, 3 h de gagnées entre Paris et Milan. Elle minimisait totalement l'effet économique lié à la différence d'altitude entre l'ancien et le nouveau tunnel. Il y est seulement dit que « les trains pourront ainsi circuler à vitesse élevée tout en étant économes en énergie », ce qui est loin d'être l'avantage principal.

La plaquette d'information sur le tunnel du Gothard illustrait dans un graphique les nouveaux types de trains de marchandises qui seront capables de circuler sur les nouvelles traversées alpines : les trains de « trafic combiné non accompagné ou de chaussée roulante » auraient une masse tractée maximale de 2 000 à 4 000 tonnes, et une longueur de 750 à 1 500 m. Le texte dit : « le trafic de marchandises gagne en efficacité ». Il m'a fallu étudier en détail les différentes solutions ferroviaires pour acquérir la conviction que le doublement de la taille des trains pouvait permettre d'économiser des milliers d'euros à chaque passage, loin devant l'économie d'énergie, qui n'est pas certaine et qui resterait inférieure à une centaine d'euros par train.

Voilà pourquoi je pense que la construction d'un tunnel de base, même sans nouvelles voies d'accès, sera bien suivie d'un report de la route vers le rail.

Mon analyse détaillée des études socio-économiques m'a permis d'y trouver qu'un report de 375 000 poids lourds par an entre Lyon et Turin suffirait à rentabiliser la dépense de construction du tunnel.

Avec un investissement de 10 milliards d'euros, et des avantages cumulés sur 50 ans de 15 milliards d'euros (en gros, 5 Md€ pour les effets externes, 5 Md€ pour les économies d'exploitation et 5 Md€ pour les gains de temps), la valeur actualisée nette du projet serait de 5 Md€, soit une rentabilité assez nettement supérieure aux 5 % du programme complet.

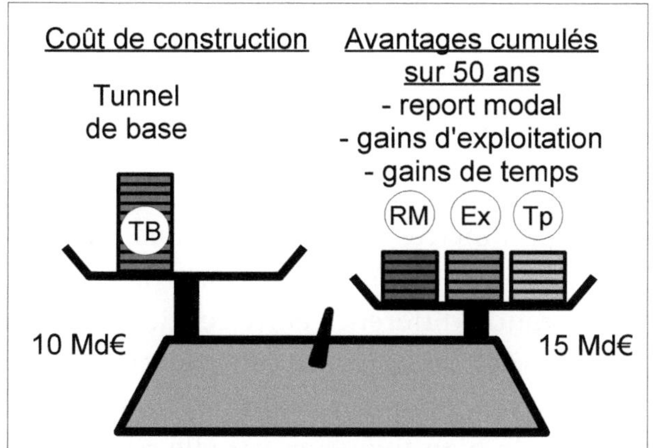

Illustration 16: En prenant pour hypothèse un report modal de 6 millions de tonnes par an, la rentabilité du tunnel serait bonne.

Je peux également déduire de mon analyse combien rapporterait le même report modal de 375 000 poids lourds par an par la ligne actuelle, sans construire de nouveau tunnel, comme l'imaginaient les opposants et les associations écologistes.

Les effets externes, sur la pollution ou le désengorgement des autoroutes, seraient à peu près les mêmes, à condition que les trajets sur lesquels s'opèrent les reports soient aussi longs que dans le modèle officiel, c'est-à-dire de Lyon à Turin. Découpler le service existant de l'AFA depuis Aiton ne rapporterait que deux fois moins d'avantages, en raison d'un parcours deux fois plus court. Par contre, il n'y aurait ni économies d'exploitation ni gains de temps, puisque l'on resterait sur la ligne de montagne, à vitesse réduite et avec plusieurs locomotives par train. Le gain cumulé serait donc au mieux de l'ordre de 5 milliards d'euros. De plus, cela coûterait cher en subventions.

Sur la base de 300 € par poids lourd, ce qui me paraît un minimum pour un départ depuis Lyon, cela ferait 112,5 millions d'euros par an. Cumulées et actualisées sur 50 ans, les subventions représenteraient aussi de l'ordre de 5 milliards d'euros.

Ces ordres de grandeur, qui reposent sur des approximations et sur les paramètres généraux retenus par les modèles, sont évidemment discutables. Mais ils me suffisent pour comprendre la grande différence entre ces deux solutions. Dans un premier temps, et pour un niveau de report de moins de 375 000 poids lourds par an, la solution subventionnée serait moins risquée sur le plan financier, car elle permettrait d'éviter un investissement lourd. Toute la différence entre les deux solutions se situe sur la suite de l'histoire. Pour les 50 années suivantes, le coût de construction du tunnel serait amorti et le bilan socio-économique serait à nouveau positif de 15 milliards d'euros, en cas de stabilité des trafics. Alors que la solution subventionnée resterait, au mieux, à un bilan neutre, avec encore de fortes dépenses publiques en face des avantages sociétaux.

La différence est également évidente en cas de doublement du report obtenu de la route vers le rail. Avec 750 000 poids lourds par an de report, ce qui correspondrait à environ 12 millions de tonnes annuelles, le bilan sur 50 ans augmenterait de 10 milliards d'euros en positif dans la solution du tunnel. Il resterait neutre avec la solution subventionnée. Sans compter qu'un tel trafic serait difficile à mettre en place sur la ligne actuelle, avec une centaine de trains de petite taille par jour, alors qu'il ne poserait pas de problème majeur avec une trentaine de trains trois fois plus lourds, par le nouveau tunnel.

Je ne souhaite pas tirer de ces chiffres des conclusions trop hâtives. Si je les mentionne dans ce livre, c'est pour raconter comment j'ai fini par trouver, dans les données dont je disposais, les bons éclairages pour me permettre de mieux comprendre les décisions prises. Ils pourraient peut-être apporter une ébauche de réponse à ceux qui défendaient la possibilité d'un report modal massif par la ligne actuelle. Mais mes petits calculs ne démontrent rien et ne prétendent pas convaincre. Je comprendrais très bien que certains ne leur accordent qu'une confiance limitée, car ils s'éloignent des règles habituelles d'analyse économique. J'espère seulement qu'ils nous inviteront, collectivement, à poursuivre la réflexion, afin de progresser dans nos méthodes d'évaluation des projets.

J'ai également appris à prendre de la distance par rapport aux théories économiques à l'occasion d'une discussion avec un conseiller régional écologiste, opposé au Lyon-Turin comme à beaucoup d'autres grands projets. Je lui disais que la possibilité de se déplacer plus facilement était un progrès pour l'homme, et que c'étaient les nuisances du transport qu'il fallait combattre et non les déplacements eux-mêmes. Il m'a répondu : « alors, nous ne serons jamais d'accord ». Sa réponse m'a d'abord surpris, mais elle m'a ouvert les yeux. Mon affirmation sortait tout droit des modèles économiques, dans lesquels l'intérêt à se déplacer est toujours compté positivement, sans limite.

Mais, s'il est vrai que nous apprécions généralement de pouvoir voyager plus loin et plus facilement, pour vivre heureux, il nous faut parfois aussi savoir nous arrêter, poser nos valises, pour être davantage présents à notre entourage proche.

Pas plus que la croissance du PIB, le développement des mobilités n'est plus pour moi un absolu, ni même un objectif en soi. J'ai été rassuré par mes petits calculs : ils m'ont permis de trouver dans quelles circonstances le tunnel de base pouvait être rentable, sur le plan socio-économique. Reporter 6 ou même 12 millions de tonnes par an de la route vers le rail, sur un trafic de 21 millions de tonnes dans ce secteur, entre la France et l'Italie (ou même 41 millions de tonnes en incluant Vintimille), n'est pas un objectif de développement, mais un objectif d'écologie, de transition vers un mode de vie plus respectueux de la planète et de ses habitants.

Finalement, j'ai observé que les études socio-économiques n'ont pas pesé bien lourd dans la décision de construire le tunnel de base du Lyon-Turin. Elles ont fini par montrer que le report modal était la principale source d'avantages pour le programme d'aménagement considéré. Comme l'effet du tunnel de base paraissait incertain, par prudence, elles ont attribué la cause du report modal à la création d'un service nouveau. Dans cette hypothèse, le projet d'ensemble était viable. Ceci suffisait pour que l'alignement de planètes puisse se produire entre une volonté politique environnementale, le problème du report modal et la solution du tunnel de base.

Par contre, la théorie économique sur laquelle reposent ces études, axée sur la croissance des flux, a accentué les oppositions, en laissant croire que le projet lui-même reposait essentiellement sur cette croissance. Nous aurions vraiment besoin de réviser nos théories, pour mieux comprendre les décisions prises par nos responsables politiques, avec leur propre vision de l'avenir, qui ne se laisse pas enfermer dans un modèle.

L'AVENIR DU FRET FERROVIAIRE
EN EUROPE

J'ai constaté que les évolutions du fret ferroviaire, dans les différents pays, dépendent assez souvent de leur configuration géographique. Les pays continentaux, comme l'Allemagne ou la Pologne lui sont plus favorables. Le fret ferroviaire marche très bien aux États-Unis ou au Canada où les distances de transport sont longues. Les trains américains sont réputés pour leur taille impressionnante, 3 km de long, 100 wagons, 6 000 tonnes de marchandises. Les conteneurs sont empilés sur deux niveaux. Au contraire, au Japon, il n'y a pas de fret ferroviaire, les distances sont trop courtes et le transport maritime est plus accessible de partout. La France est dans une position intermédiaire, un peu trop petite prise isolément, la plus grande partie de son territoire étant à moins de 500 km d'un port maritime.

En fait c'est plutôt au niveau européen qu'il faut raisonner en matière d'avenir du ferroviaire, avec le marché unique. Les Alpes sont le massif central européen, et j'observe que, sur les neuf corridors définis par la commission européenne pour le fret, quatre franchissent cette barrière. Les trajets longs en Europe nécessitent souvent de traverser les Alpes. La façon dont peut se faire ce franchissement a donc certainement une influence sur l'avenir du ferroviaire.

Comme le disent clairement les Suisses, le transport ferroviaire en Europe doit évoluer vers des trains plus massifs qu'aujourd'hui. Cela ne se décrète pas, mais les tunnels de base devraient aider à y parvenir. Ces investissements garantissent aux opérateurs ferroviaires la possibilité de faire durablement circuler des trains lourds, en réseau, de façon homogène sur l'ensemble des grands corridors européens. C'est beaucoup plus incitatif à long terme qu'une aide publique, qui pourrait s'arrêter du jour au lendemain en fonction de choix politiques.

J'ai lu, au lendemain de l'ouverture du tunnel du Gothard, en juin 2016, un certain nombre d'articles de journaux dans lesquels les opérateurs de fret annonçaient des investissements dans des plateformes de transport combiné ou dans des locomotives, en prévision d'une hausse de leur activité. Le fait que d'autres tunnels soient en chantier ne leur a sans doute pas échappé au moment où ils ont fait de telles annonces. Difficile d'attribuer à un tunnel plus qu'à un autre cette hausse d'activité espérée. Je crois que c'est la concomitance des chantiers de tunnels ferroviaires de basse altitude qui leur donne confiance dans l'avenir.

Le premier tunnel, celui du Lötschberg a ouvert en 2007. Mais il donne accès au Simplon, qui reste un tunnel de faîte, avec des pentes de 28 ‰, peu favorables au fret. Le Gothard, mis en service en 2016, sera le premier à offrir un itinéraire complet à faibles pentes, lorsque le tunnel du Ceneri sera terminé, fin 2020. Puis viendront, selon les prévisions, le Brenner en 2028 et le Lyon-Turin vers 2029, tous deux offrant dès leur ouverture, un itinéraire « de plaine ». Le Semmering et le Koralm apporteront un maillage du réseau favorable au fret lourd sur la partie orientale des Alpes, et le Terzo Valico reliera le port de Gênes au réseau européen. Voilà de quoi donner envie de parier sur une renaissance du mode ferroviaire !

Miser sur le développement du fret ferroviaire resterait un pari risqué pour un pays européen pris isolément. Je dirais qu'au lieu de conduire en regardant dans le rétroviseur, c'est conduire avec des jumelles devant les yeux. Comment un opérateur ferroviaire peut-il se préparer à doubler ses trafics ? En caricaturant un peu, il a deux solutions : soit il double le nombre de ses trains circulant sur le réseau, soit il double la taille de ses trains en conservant leur nombre. Cette seconde solution est beaucoup plus rentable pour lui, à long terme, mais elle suppose d'adapter ses installations et de faire aussi évoluer l'organisation interne de certains de ses clients. Si les trains massifs ne peuvent circuler que sur une portion du réseau européen, et si sur l'autre partie, les trains continuent à être limités en taille, ce sera difficile pour lui de choisir cette option.

Le niveau européen est le seul qui puisse éviter ce risque. La volonté politique d'un ministre comme Jean-Claude Gayssot, avec son scénario « multimodal volontariste » qui annonçait le triplement du trafic fret en 2020, n'a pas suffi à inverser la tendance. En vingt ans, le tonnage transporté a plutôt été divisé par deux en France et par trois entre la France et l'Italie.

Le soutien de l'Europe aux tunnels de base me paraît plus déterminant, parce qu'il permet de modifier en profondeur les conditions du marché en Europe. Le risque est porté collectivement, dans le cadre d'une politique cohérente et partagée. Il fallait que l'Europe s'engage, pour donner confiance à toute la chaîne de la logistique, sur l'avenir du fret ferroviaire.

Pour réussir son pari, l'Europe a commencé par organiser l'ouverture à la concurrence du transport des marchandises sur le rail. Dans un premier temps, cette mesure a été très dure pour les opérateurs nationaux, qui avaient le monopole dans leur pays. La SNCF a perdu de bons clients, auxquels des nouveaux entrants dans le marché du fret ont proposé une offre plus intéressante. Un des premiers exemples dont j'ai eu connaissance a été la sidérurgie entre Dunkerque et la Lorraine. Je me souviens que le nouvel opérateur lui a justement proposé une autre organisation, avec des trains moins nombreux et plus lourds que ceux de la SNCF. Perdant des recettes, la SNCF a été contrainte d'abandonner les lignes les moins rentables, si bien que la part de marché du fer a globalement reculé. Cette situation n'était pas très encourageante pour les responsables politiques, qui souhaitaient en grande majorité le développement du rail au détriment de la route.

Je ne suis pas sûr que la méthode libérale européenne soit la meilleure, mais je ne perds pas espoir. La Deutsche Bahn a subi les mêmes difficultés, dès 1994, lorsque l'Allemagne a ouvert son marché à la concurrence, en transposant rapidement la directive européenne dans sa législation, alors que la France ne l'a fait qu'en 2006. La part de marché du ferroviaire a également reculé en Allemagne, pendant une dizaine d'années, puis elle est repartie à la hausse. Après de multiples réformes et réorganisations, après avoir fusionné avec les opérateurs hollandais et danois, la DB Cargo est maintenant le premier opérateur de fret en Europe. Il lui aura fallu vingt ans pour trouver une place plus solide qu'auparavant, dans un marché qui a évolué.

La branche fret de la SNCF a multiplié les réformes depuis quinze ans, mais il lui reste du chemin à parcourir. Elle a commencé par réduire sensiblement ses effectifs, avec l'aide de l'État et de l'Europe, et cela a porté ses fruits. Elle doit encore modifier son approche commerciale, et j'ai l'impression que c'est culturellement plus difficile pour elle. Ce n'est pas son cœur de métier, la vocation de base du cheminot est de faire circuler des trains pour assurer un service public. La SNCF a pris l'habitude d'avoir un monopole, longtemps protégé par la tarification routière obligatoire et par un contingentement des entreprises de transport routier. Cela lui garantissait un trafic suffisant, sans avoir besoin de séduire sa clientèle.

Je dirais qu'elle doit passer du sur-mesure au prêt-à-porter pour répondre à l'attente de nombreux clients. En 2003, le nouveau directeur du fret, Marc Véron, a proposé un « plan fret 2006 », visant à créer des « tapis roulants ». Cette image signifie que le transport du fret allait se concentrer sur quelques axes à haut débit, avec une facilité de transport accrue. Il expliquait que d'autres pays, en particulier le Canada, avaient ainsi réussi à développer un fret rentable. Il s'est heurté à la difficulté d'abandonner les services de desserte fine du territoire et à l'hostilité des syndicats sur ses réformes. Il n'est resté que trois ans directeur du fret, les résultats n'étaient pas encore visibles, si bien qu'il a été remercié avant d'avoir pu mettre en œuvre son plan. Pourtant c'était bien ce qu'il fallait faire, à mon avis.

Quelques années plus tard, en 2010, la SNCF a inventé le concept de trains « multi-lots multi-clients », répondant au problème de faible rentabilité de la technique des « wagons isolés ». Cette dernière consiste à aller chercher des wagons chez les clients, même en petit nombre, pour former des trains circulant d'une gare de triage à une autre, avant de les distri-buer, également en petit nombre, à leur destinataire. C'était le sur-mesure intégral. La SNCF perdait de l'argent sur ce service, les locomotives faisant beaucoup de kilomètres avec très peu de wagons. Elle devait cesser cette pratique. Pour ne pas laisser ses clients sans solution, sachant qu'aucun de ses concurrents ne souhaitait les récupérer, elle les a incités à se grouper, pour faire en quelque sorte du co-voiturage des marchandises, affirmant que cela permettrait de continuer à traiter le wagon isolé. C'est comme si un tailleur demandait à ses clients de passer commande d'un costume, en venant à plusieurs de la même taille en même temps dans sa boutique, pour pouvoir les fabriquer ensemble ! Les commerciaux de la SNCF ont obtenu quelques résultats, principalement avec les plus gros clients, sur quelques grands axes de transport. Beaucoup d'autres n'ont pas pu rester clients du fer, confirmant en fait que le tapis roulant de Marc Véron était une orientation inéluctable.

Le transport combiné moderne ou l'autoroute ferroviaire qui se développe actuellement, ressemblent davantage à du prêt-à-porter, mais les produits en rayon en France sont encore peu nombreux et peu accessibles. J'ai visité la plateforme de transport combiné de la société suisse Hupac située à Busto Arizio, près de Milan. Des portiques géants chargeaient les trains en attrapant indifféremment des conteneurs ou des remorques routières. Ces dernières doivent être équipées de quatre points renforcés pour pouvoir être saisies à l'aide d'une pince intégrée dans le palan qui saisit les conteneurs. Les wagons sur lesquels sont chargées les remorques disposent d'une poche dans laquelle s'encastrent les roues. C'était impressionnant. Ce type de transport est accessible à toute remorque munie de ces renforts, qui ne doivent pas être bien coûteux.

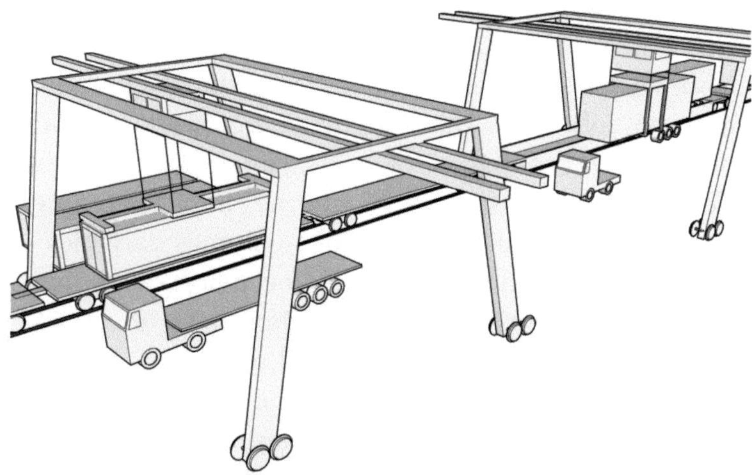

*Illustration 17: Un chantier polyvalent de transport combiné,
acceptant les remorques routières comme les conteneurs.*

La technique Modalohr ne nécessite pas ces renforts pour accepter une semi-remorque. Ses contraintes sont différentes, c'est le quai de chargement qui doit être muni des rampes Modalohr pour accepter les wagons pivotants. En Allemagne, un système concurrent, nommé Cargo-Beamer, nécessite lui aussi des quais spéciaux avec des plateaux transférant latéralement la remorque sur le wagon, comme cela était prévu par le concept R-shift-R. Le port de Calais s'est équipé en 2017 d'un terminal Modalohr, et a décidé en 2019 de construire également un terminal Cargo Beamer. Ces techniques différentes, non compatibles entre elles, compliquent le choix des opérateurs pour s'y convertir. Peut-être serait-il préférable que l'une d'entre elles devienne la norme en Europe, mais je suis bien incapable de prévoir laquelle pourrait l'emporter.

Je suis persuadé que la solution pour sauver le fret ferroviaire n'est pas de demander une subvention de l'État pour maintenir en vie des trains qui roulent depuis quarante ans, mais qui ne sont plus dans le marché, comme le train de primeurs entre Perpignan et Rungis, qui a fait l'actualité en 2019. Un train trop spécialisé, qui ne transporte que des primeurs, dans un seul sens, avec des volumes variables selon les saisons. Le train doit retrouver une place répondant aux besoins des chargeurs et correspondant aux fonctions sur lesquelles il est meilleur que la route. Il me semble, d'après les articles que j'ai lus sur cette question, que les professionnels seraient intéressés par un « tapis roulant » de type autoroute ferroviaire, accessible facilement à tous les trafics entre l'Espagne et la région parisienne. Ce service détournerait probablement davantage de primeurs de la route vers le rail que la solution ancienne, tout en répondant aussi à d'autres besoins.

Ces réflexions dépassent largement le cadre des études socio-économiques du Lyon-Turin. Elles me semblent pourtant utiles pour comprendre le contexte économique dans lequel évoluent les entreprises ferroviaires, pour lesquelles sont construits les tunnels de base. Le report modal est une ambition complexe. La transition, à laquelle nous aspirons, est en train de s'opérer simultanément au niveau du réseau ferré, au niveau des matériels roulants et des équipements fixes, comme au niveau des pratiques commerciales des opérateurs de transport. Chaque niveau d'action, pris isolément, aurait une efficacité limitée. Tous ensemble, comme une multi-thérapie, ils peuvent rétablir la santé du fret ferroviaire.

LA SOCIO-ÉCONOMIE DES ACCÈS FRANÇAIS

L'histoire reste à écrire pour les accès français. Dans son rapport de janvier 2018, le conseil d'orientation des infrastructures présidé par M. Duron « considère que la démonstration n'a pas été faite de l'urgence d'engager ces aménagements dont les caractéristiques socio-économiques apparaissent à ce stade clairement défavorables ». Les auteurs de ce rapport écrivent qu'il faudrait attendre une hausse des trafics.

Mais tant que nous resterons dans la logique des études socio-économiques de 2006, nous risquons d'attendre longtemps, puisque les trafics n'évoluent pas, ou peu, après l'ouverture du tunnel de base. Le rapport admet cependant que si ces trafics augmentaient, il faudrait « affiner les modélisations » et il conclut : « Il semble peu probable qu'avant dix ans il y ait matière à poursuivre les études relatives à ces travaux qui au mieux seront à engager après 2038 ». Nous sommes dans la continuité des rapports précédents, toujours sous l'influence des modèles de trafic actuels, avec cependant encore une fois, un discours nuancé et toute la lucidité nécessaire sur les limites de ces modèles numériques.

Ces nouveaux appels à la prudence n'ont pas bloqué une amorce de volonté politique, puisque la loi d'orientation des mobilités, adoptée en novembre 2019, mentionne dans l'exposé des motifs, que les études de phasage doivent se poursuivre « afin de faire face dans la durée aux accroissements des trafics ». Cette formulation admet déjà que les trafics pourraient croître et que les accès français deviendraient alors nécessaires. Mais selon le modèle socio-économique actuel, leur rentabilité resterait faible sans l'autoroute ferroviaire à grand gabarit, et pour la mettre en place, il n'y a plus de phasage possible.

Pour sortir de cette impasse où nous conduit l'histoire d'une autoroute ferroviaire à grand gabarit entre Lyon et Turin, je me suis demandé si ma variante, avec le train de transport combiné à haute capacité, pourrait permettre de trouver une issue. Mais elle n'est d'aucun secours pour comprendre l'utilité des accès français. Si elle se réalisait, nous verrions le trafic des marchandises se reporter massivement sur ces nouveaux trains très compétitifs et cela se traduirait par une forte hausse du tonnage moyen des trains. Et donc, une diminution du nombre de trains journaliers. Cela irait bien au-delà des augmentations de la taille moyenne des trains prévues dans les études, qui sont de l'ordre de 20 %. Je remarque d'ailleurs que les Suisses ont fait des hypothèses plus optimistes que nous, avec un tonnage moyen par train qui dépasse de 50 % la valeur retenue par nos études. En suivant mon histoire alternative, les trains de fort tonnage s'imposeraient petit à petit, pour remédier aux problèmes de capacité des voies, qui, presque partout en Europe, doivent aussi acheminer des voyageurs.

Ainsi, en 1997, il a été possible de transporter 10 millions de tonnes par an avec une moyenne de 100 trains par jour à Modane. Les études avancent une capacité maximale du réseau existant de 16 millions de tonnes avec 150 trains par jour, avec probablement de fortes contraintes sur les trafics de voyageurs, au niveau de Chambéry et peut-être de Grenoble. Si tout le trafic était assuré par des trains de plus de 2 000 tonnes tractées, il serait possible de transporter 30 millions de tonnes avec 80 trains par jour. Pour cela, il suffirait probablement de mettre en œuvre quelques mesures peu coûteuses pour accepter des trains plus longs sur les voies actuelles, notamment en Italie, où ils sont limités à 550 m, pour renforcer l'électrification, ajuster la signalisation, sans oublier la nécessité de réduire les nuisances pour les riverains. L'évolution ne se ferait pas en un jour, mais si elle avance suffisamment vite, la réserve de capacité dont nous aurons besoin proviendrait davantage d'une augmentation de la taille des trains que de la construction de voies nouvelles, en dehors de quelques points particuliers du réseau. Mon histoire aurait du mal à accompagner l'idée que les accès français seront rendus nécessaires dans un avenir proche, pour une question de capacité des voies, pour les trains de marchandises.

C'est pourquoi je crois qu'il faut imaginer une histoire totalement différente, qui ne parlerait que des accès, en considérant que le tunnel de base est en service en 2030. Si une solution devait sortir de la poubelle dans le cadre de cette histoire, elle pourrait peut-être voir le jour vers 2030, mais je me dégage de toute obligation par rapport à cette date. J'ignore quand pourrait se produire une conjoncture astrale favorable. En fait, j'attends bien une nouvelle conjoncture astrale, parce que j'ai le sentiment que celle qui a permis le lancement du tunnel de base ne pourra pas jouer à nouveau pour les accès.

Mon histoire parlerait plutôt des voyageurs, et plus particulièrement de la mobilité du quotidien, qui est le sujet actuellement prioritaire, en France. Il faut faire quelque chose pour éliminer ces bouchons qui paralysent la circulation aux abords de Lyon, de Grenoble, ou de Genève tous les matins et tous les soirs. Voilà un problème politique qui pourrait trouver une solution, au moins partielle, dans la grande famille des aménagements étudiés sous l'étiquette du Lyon-Turin.

Je commence par résumer avec des chiffres ronds ce que dit l'histoire officielle sur les voyageurs. Elle comptabilise les gains de temps pour les voyageurs internationaux, nationaux et régionaux. Les premiers utilisent tout le trajet, de Lyon à Turin, ils sont 4 millions par an et gagnent environ une heure et demi grâce aux accès comme grâce au tunnel de base. Leur avantage cumulé sur 50 ans est de 3,5 milliards d'euros, dont 2,2 pour les gains de temps et 1,3 pour l'exploitation ou les effets externes.

Je vérifie au passage, dans le dossier de 2012, que le temps gagné pris en compte dans ces calculs est bien celui lié « aux infrastructures constitutives du projet », soit entre 1 h 27 et 1 h 40, suivant les destinations. Les gains de temps liés aux autres améliorations envisagées entre Paris et Lyon, ou entre Turin et Milan, qui conduisaient à une réduction du temps de parcours de 3 h 06 entre Paris et Milan, évoquée dans l'émission « Pièces à conviction » de 2015, ne sont pas comptés.

Les voyageurs nationaux n'utilisent que les accès, en partie, selon leur destination. Ils gagnent donc moins de temps que les voyageurs internationaux : pour simplifier, environ trois fois moins, mais ils sont deux fois plus nombreux (8 millions par an au lieu de 4 millions). Au total, leur avantage cumulé est de 2,3 milliards d'euros : jusque là, les données sont cohérentes.

Les voyageurs régionaux utilisent également les accès, comme les voyageurs nationaux, et ils sont 5 millions par an. Je m'attendrais à ce qu'ils aient un avantage proche de 1,5 milliard d'euros. Pas du tout, les calculs font état d'une perte de 0,2 milliard d'euros pour les voyageurs régionaux ! Que s'est-il passé ?

Il m'a fallu entrer dans le détail du calcul économique pour comprendre. Je me suis aperçu d'une différence de traitement entre les projets routiers et les projets ferroviaires.

Pour une route, c'est bien la construction de l'infrastructure qui est évaluée. Le fait de la construire suffit pour qu'elle soit utilisée. La décision d'y circuler est prise par les usagers qui ont envie de le faire, qu'ils y aient intérêt économiquement, ou que cela leur procure un avantage pour lequel ils sont prêts à payer. S'ils décident d'acheter une nouvelle voiture, cela n'a rien à voir avec le projet.

Pour une ligne à grande vitesse destinée aux voyageurs, il a été pris comme règle par la SNCF, du temps où elle avait le monopole de l'infrastructure et du transport, d'annoncer le service ferroviaire associé à l'infrastructure, et de l'évaluer dans le même projet. Ce faisant, l'évaluation porte sur l'ensemble « infrastructure + service », incluant notamment l'achat et l'entretien de nouvelles rames de TGV. Ceci peut se comprendre pour une ligne nouvelle à grande vitesse qui implique un matériel roulant spécifique et un service nouveau pour accueillir des voyageurs.

Pour une voie ferrée accueillant des TER, cette règle appliquée aux TGV est tant bien que mal conservée, alors que les opérateurs ferroviaires gestionnaires du réseau n'ont pas la maîtrise de ces circulations ni du matériel utilisé, souvent payé par les régions.

Cette différence de traitement entre les projets me pose question. Il semble que cela explique, au moins partiellement, un avantage quasi systématique obtenu par les projets d'infrastructure routière dans les calculs, alors que la société demande de plus en plus de ferroviaire.

Le trafic induit par une nouvelle route est toujours valorisé positivement pour évaluer l'infrastructure. Le fait d'attribuer, à un usager nouveau, la moitié du gain de l'usager qui circulait déjà sur cet axe, permet de prendre en compte le fait que cet usager est prêt à payer pour se déplacer grâce à l'apport de la nouvelle route. Mais rien ne prouve que le bilan socio-économique global de sa décision de prendre la route soit positif pour la société. Il est même frappant de constater, par exemple dans les débats publics, que toute augmentation de la circulation automobile est perçue comme une menace sérieuse, à cause de la congestion qui en résulte, globalement, dans les zones urbaines denses. Les opposants dénoncent avec raison les projets qui servent « d'aspirateurs à voitures » !

Les projets autoroutiers que j'ai pu étudier comme l'A48 entre Ambérieu-en-Bugey et Bourgoin-Jallieu ou l'A45 de Lyon à Saint-Étienne, affichent des taux de rentabilité proches de 30 % ou 40 %, ce qui est énorme, alors que les avis sont loin d'être unanimes sur leur intérêt au sein de la population ou des autorités locales. Afficher de tels chiffres ne provoque pas la réalisation des projets, cela discrédite seulement les études.

Au contraire, tout trafic supplémentaire en TER est valorisé négativement, du fait des déficits d'exploitation qu'il représente quasi systématiquement, dans l'organisation actuelle, pour les opérateurs ferroviaires. Pourtant, ces trafics génèrent des recettes pour le gestionnaire de l'infrastructure. Dans le calcul, on ne prend pas en compte le fait que les régions, qui organisent les TER, sont prêtes à payer pour couvrir les déficits de ces trafics nouveaux. Cela ignore également l'hypothèse de nouveaux opérateurs mieux organisés que la SNCF, et qui pourraient créer des services plus rentables sur la nouvelle infrastructure. Je me suis ainsi aperçu que le calcul était incomplet et ne permettait pas de répondre à nos attentes actuelles.

Revenons aux données socio-économiques du programme Lyon-Turin, pour mieux comprendre l'impasse dans laquelle ils nous mènent. Au total, l'avantage pour les voyageurs est de 5,6 milliards d'euros pour le programme complet, en comptant en positif, les gains de temps et les effets externes sur l'environnement, en négatif les pertes d'exploitation. Les avantages des voyageurs internationaux se répartissent entre le tunnel de base et les accès, en deux parts à peu près équivalentes, si l'on en juge d'après les gains de temps apportés. Les voyageurs nationaux et régionaux ne circulent que sur les accès, et même principalement sur la ligne à grande vitesse entre Lyon et Chambéry, supposée ouverte en 2035. Si elle n'est pas construite, les voyageurs circuleraient sur la première phase de ces accès, la ligne mixte de Lyon à Chambéry, avec un gain de temps un peu plus faible, parce que les trains y roulent à 220 km/h au lieu de 300 km/h. C'est donc bien cette section qui permet d'apporter la plus grande partie des avantages, tous trafics confondus.

J'estime grossièrement que la ligne nouvelle entre Lyon et Chambéry rapporterait de l'ordre de 3 milliards d'euros pour les voyageurs, sur le total de 5,6 milliards d'euros du programme complet. Les phases suivantes, avec les tunnels de Chartreuse et de Belledonne à deux tubes et la ligne à grande vitesse, apporteraient 1,6 milliard d'euros supplémentaires en augmentant les gains de temps, et en attirant davantage de trafic. Le tunnel de base rapporterait 1 milliard d'euros dans cette répartition, par tronçon, des avantages liés aux voyageurs.

Ces 3 milliards d'euros liés à la ligne mixte entre Lyon et Chambéry, qui proviennent uniquement des voyageurs internationaux et nationaux selon les méthodes de calcul actuelles, apparaissent bien insuffisants pour justifier la construction de cette première phase des accès, estimée à 4,5 milliards d'euros.

Ces ordres de grandeur peuvent aussi être rapprochés des estimations sommaires faites en 1998 par la mission Brossier. Elle pensait que la ligne entre Lyon et Montmélian était le tronçon le plus intéressant du projet. Elle avait suggéré une variante économique, réutilisant le tunnel actuel de l'Épine. Le temps gagné, 18 minutes pour 8 millions de voyageurs, d'après les données de l'époque, aurait permis une rentabilité satisfaisante. L'idée de chercher à réduire la dépense pour optimiser sa couverture par les gains de temps n'est donc pas nouvelle, et de multiples études ont été menées pour cela.

Mais depuis vingt ans, cette histoire de temps gagné, pénalisée par le déficit des TER, n'a toujours pas réussi à convaincre. La conséquence la plus patente a été le rejet en bloc du projet par la ville de Grenoble, après les élections municipales de 2014.

En avril 2016, le maire écologiste Eric Piolle déclarait : « Ce projet ne correspond pas au train du quotidien. Ce projet est estimé à 26 milliards et ne ferait gagner que neuf minutes aux Grenoblois entre Grenoble et Paris ». Son argument est imparable, tant que l'on reste dans le cadre de l'histoire racontée par les études socio-économiques. La ville de Grenoble s'est retirée du protocole de financement de 2007, qui avait marqué une belle unanimité en faveur du projet, mais qui n'avait pas pour autant débouché sur la bonne conjoncture astrale. Du coup, Eric Piolle rejetait également le tunnel de base, estimant que la ligne actuelle « peut absorber quatre fois plus de marchandises ». Argument également exact si l'on reste enfermé dans une question de capacité de la ligne et non de taille des trains de fret qui peuvent y circuler.

Il faut donc changer d'histoire, en changeant également nos méthodes de calcul. Pour le fret, les Suisses m'ont indiqué que le bon sujet est l'augmentation de la masse des trains. Que font-ils pour les voyageurs ? Ils raisonnent en termes d'horaires et de cadencement. Des trains qui partent tous les quarts d'heure, ou toutes les demi-heures, avec des correspondances faciles, depuis tôt le matin et jusqu'à tard le soir. Peu importe s'ils perdent quelques minutes sur leur temps de trajet, et tant pis si les premiers et les derniers trains de la journée sont presque vides. Ce qui donne envie de prendre le train, c'est la tranquillité d'esprit que donne le cadencement : je n'attendrai pas longtemps mon train, quelle que soit l'heure, et mon trajet sera toujours le même. Et si je rate mon train le soir, il y en aura encore un plus tard. Quelle révolution pour nous, et pour la SNCF ! Nous avons tout misé sur le temps de parcours, parce que la SNCF craignait la concurrence de l'avion sur les longues distances. Nous avons donné une valeur au temps pour rationaliser nos décisions et cela nous a enfermés dans la recherche de ce seul objectif. Nous avons ignoré la valeur collective que représente le développement des TER, alors que tout le monde reconnaît leurs bienfaits.

Cette valeur collective est facile à comprendre, dans le contexte de nos villes encombrées. Lorsque je décide de prendre ma voiture, j'augmente les embouteillages, je nuis donc aux autres automobilistes. Je nuis aussi aux usagers du transport collectif, parce que les bus circuleront aussi moins bien, et les trains et métros seront moins remplis, donc, ils seront moins fréquents. Au contraire, quand je décide de prendre le transport collectif, je profite à tous les autres, les automobilistes qui circuleront mieux, les usagers du bus qui roulera mieux, et des métros qui seront plus fréquents. Si la fréquence des bus augmente, cela rajoute un véhicule pour quarante voitures de moins. Cela justifie pleinement le fait que le coût du transport collectif soit partagé entre l'usager et le contribuable. Inversement, il est compréhensible que la voiture soit taxée, sur son carburant, son parking, et parfois à travers un péage urbain.

Je crois que nous ne sommes pas assez conscients de ces conséquences-là de nos choix de déplacements. Nous entendons plus parler de la pollution et du bilan carbone de nos voitures et nous imaginons que ces problèmes, qui sont bien sûr importants, seront résolus avec des voitures électriques. Mais cela ne résout pas le problème des embouteillages, parce que la surface au sol occupée par une voiture est la même, quelle que soit l'énergie qui alimente son moteur.

J'ai participé pendant deux ou trois ans à un groupe de travail informel, qui s'appelait « programmation par l'horaire », avec les services de la région Rhône-Alpes, animé par un bureau d'études suisse. Entre techniciens, nous comprenions bien l'intérêt de cette démarche. La création de ce groupe de travail témoignait d'une évolution possible dans nos méthodes d'analyse. Mais cela bousculait nos habitudes. Nous partions d'une liste d'investissements à réaliser, dont nous voulions savoir à quelle date ils devaient être mis en service. Le bureau d'études suisse nous demandait de commencer par définir un scénario de cadencement des trains, et il imaginait les travaux éventuellement nécessaires pour y parvenir, sans piocher dans nos solutions toutes faites. Nous avons cherché à obtenir une validation politique de nos scénarios de cadencement, et avons constaté que les accès du Lyon-Turin ne pouvaient pas disparaître des schémas à long terme, dans tous les scénarios, si bien que nous n'avons pas été capables d'appliquer en totalité la démarche proposée.

Les résultats de cette démarche m'ont quand même permis de constater que la voie nouvelle mixte entre Lyon et Chambéry facilitait grandement la mise en place d'un véritable cadencement, plus étendu sur la journée, plus fiable, et à plus grande échelle que les horaires que nous connaissions. Elle augmente la capacité du réseau entre Lyon et Saint-André-le-Gaz, dont la saturation pénalise la desserte de Grenoble, et elle remédie à la voie unique entre Saint-André-le-Gaz et Chambéry, qui provoque de nombreux retards. C'est sans doute une solution parmi d'autres, mais peu importe : comme le dit Kingdon, les solutions n'ont pas besoin d'être la réponse exacte au problème posé pour entrer en alignement avec une volonté politique.

Ce qui me paraît nécessaire maintenant, c'est de raconter ce que peut apporter cette voie nouvelle en faveur des TER, non pas en termes de temps gagné, mais en termes de voyageurs supplémentaires, reportés de la route vers le rail, grâce à un service cadencé à la façon suisse. Cela correspond davantage à la volonté politique telle que je la perçois. C'est également beaucoup plus fédérateur. Les gains de temps étaient individualisés par destination, et Grenoble, avec ses 9 mn gagnées depuis Lyon ou Paris, se sentait brimée par rapport à Chambéry (qui gagnait 26 mn) ou Annecy (29 mn). Le cadencement, lui, doit être mis en place sur un territoire suffisamment étendu et il intéresse toutes les destinations, de façon solidaire. Tous les habitants en bénéficieront, en particulier ceux des grandes villes, et les Grenoblois sont les plus nombreux.

Le report de trafic apporté par le cadencement pourrait être considérable, sur toutes les destinations. Actuellement, la part du mode ferroviaire dans les déplacements du quotidien de ville à ville est compris entre 2 % et 5 % dans ce secteur, alors qu'il est compris entre 11 % et 15 % sur la vallée du Rhône ou vers Saint-Étienne. La marge de progression est donc importante, si les TER deviennent réellement attractifs. L'avantage socio-économique ne viendrait pas principalement des gains de temps, mais du report de trafic de la route vers le rail. Hélas, la valorisation de cet avantage, au niveau du fonctionnement global des territoires, reste pour moi une inconnue. Comment pouvons-nous approcher cette question ?

LA VALEUR SOCIALE DU
TRANSPORT COLLECTIF

Je crois à l'avenir des TER, malgré leur déficit à la charge de la collectivité. Pour comprendre leur situation, je remonte en 1994, l'année de mon arrivée à Lyon.

Les transports régionaux de voyageurs sont structurellement déficitaires et l'État versait à la SNCF une subvention importante, au niveau national, pour les maintenir en exploitation. Comment savoir si cette subvention correspondait à un réel besoin, et combien de temps faudrait-il continuer à la payer ? Cette question méritait un examen approfondi.

En avril 1994, M. Hubert Haenel, sénateur du Haut-Rhin et spécialiste du ferroviaire, a remis au gouvernement un rapport proposant de confier aux régions la responsabilité d'autorité organisatrice en matière de transports régionaux de voyageurs. La proposition a d'abord été expérimentée à partir de 1997 dans six régions, avant d'être généralisée à compter du 1ᵉʳ janvier 2002 par la loi SRU (solidarité et renouvellement urbain) du 13 décembre 2000. La région Rhône-Alpes a été parmi les premières à expérimenter, dès 1997, le transfert de compétences relatif aux TER, les « trains express régionaux », dont elle percevait la nécessité pour des raisons d'environnement.

L'État a remis aux régions une dotation forfaitaire correspondant à ce qu'elle versait à la SNCF, avant le transfert, pour compenser ses pertes d'exploitation, après les avoir réparties par région. Il a laissé les assemblées régionales négocier avec le transporteur pour faire évoluer le service selon leurs désirs, et ajuster en conséquence le besoin de subvention.

J'ai constaté, après la régionalisation des TER, que la plupart des régions ont développé le service au-delà de celui qui existait au moment du transfert. Elles ont donc pris en charge un coût plus élevé que le montant de la subvention reçue de l'État. En faisant cela, elles ont attribué une valeur au voyageur TER supérieure à celle que l'État lui attribuait. J'imagine que cela pourrait être utilisé par une théorie analogue à celle de la valeur du temps. De même que l'on a observé le comportement des individus dans leurs arbitrages entre le temps et l'argent, de même, il me semblerait intéressant d'observer les équilibres que définissent les collectivités pour attribuer un certain budget aux transports en commun, afin de réguler la circulation automobile, d'équilibrer les territoires, de répondre à une demande sociale, en un mot, de répondre à l'intérêt général. En rapportant ces budgets aux millions de kilomètres effectués par les usagers des transports collectifs, on obtiendrait une valeur monétaire de ces kilomètres-voyageurs, reconnaissant ainsi qu'ils correspondent à une attente sociale. Il me semblerait d'ailleurs possible de définir plusieurs valeurs du transport collectif, en fonction de la taille des agglomération, du caractère urbain, péri-urbain, ou inter-urbain des transports, de même que la valeur du temps diffère entre l'usager de la voiture et celui du train ou de l'avion.

En prenant en compte cette valorisation socio-économique, les projets qui permettent un accroissement de l'utilisation des

TER pourraient afficher une meilleure rentabilité sociale qu'aujourd'hui. Le principal avantage que j'y vois, serait d'orienter les études au profit des projets qui profitent réellement à cette question des transports du quotidien, par rapport aux déplacements à longue distance. Ce serait une manière de prendre en compte les orientations de la nouvelle loi sur les mobilités, au service du plus grand nombre de nos concitoyens.

Je ne me hasarderai pas à imaginer une valeur pour chaque voyageur supplémentaire qui pourrait prendre les TER après l'ouverture de la ligne mixte entre Lyon et Chambéry. La difficulté est également d'imaginer combien seraient ces voyageurs, et si l'on peut vraiment attribuer leur changement d'habitudes à la construction de l'infrastructure. Je laisse cette piste de recherche aux économistes. Peut-être cela permettrait-il de reprendre le récit de mon histoire, en faisant apparaître en positif l'avantage socio-économique lié au développement des TER, qui viendrait en complément de la valorisation des gains de temps sur les trajets des TGV internationaux ou nationaux.

La région Auvergne-Rhône-Alpes, autorité organisatrice des TER, est au centre du courant politique qui pourrait émerger, en faveur du transport du quotidien sur son territoire. Le calcul socio-économique ainsi complété pourrait permettre de comparer le projet de ligne mixte avec d'autres options d'amélioration du réseau existant. Certes, la solution qui émergera de la poubelle de Kingdon n'a pas besoin d'être la plus efficace sur le plan technique ni financier, du moment qu'elle permet de cadencer plus efficacement qu'aujourd'hui la desserte par le rail entre les vallées alpines et la vallée du Rhône, et qu'elle est soutenue par un courant politique suffisant. La ligne mixte est une solution coûteuse, mais elle présente l'intérêt d'être déjà déclarée d'utilité publique et inscrite dans les documents d'urbanisme. Accessoirement, elle améliorerait aussi la qualité des circulations du fret et des TGV, en temps de parcours et en fiabilité, ce qui est favorable, même si cela ne constitue pas, à mon avis, la raison essentielle qui la ferait sortir de la grande poubelle de Kingdon.

Il est très intéressant de regarder ce qui s'est passé, dans le même temps, du côté italien. Leurs accès au nouveau tunnel transfrontalier sont moins longs que les nôtres, parce qu'il n'y a pas de Préalpes du côté italien. Mais leurs préoccupations sont les mêmes. Les journaux parlent encore de la TAV, le sigle Treno Alta Velocita est resté bien ancré dans les mémoires. En juillet 2016, l'observatoire technique chargé des concertations locales a publié, en lien avec la mission gouvernementale, un projet de « TAV low-cost » répondant à trois objectifs. Le premier est de réduire la facture, en particulier les dépenses prévues d'ici 2030. Le second est de permettre d'alimenter le nouveau tunnel dès son ouverture, avec l'hypothèse d'y amener 162 trains de fret et 18 trains de voyageurs par jour. La capacité de transport de fret serait selon eux de 25 millions de tonnes. J'ai tout de suite regardé ce que signifiaient ces données en termes de taille des trains de fret. Cela correspond à un tonnage moyen par train supérieur de 30 % à celui prévu par les études pour 2030, ce que j'interprète comme une confirmation que les Italiens comptent davantage sur le transport combiné à haute capacité que sur l'autoroute ferroviaire pour améliorer la productivité du fret, tout en restant prudents.

Le troisième objectif retenu par les négociateurs italiens touche les procédures. Les accès seront traités comme tous les projets ordinaires, sans appliquer les procédures exceptionnelles de la loi instituée par M. Berlusconi pour les grands projets. Cette loi avait pour but d'accélérer les concertations mais elle avait, en réalité, cristallisé les oppositions et provoqué de nombreuses difficultés. La programmation des accès serait donc traitée dans le cadre des contrats de programme, la procédure de droit commun en Italie.

Dans le détail, le nouveau projet low-cost revient à utiliser la ligne existante sur 23 km, depuis la sortie du petit tunnel de raccordement de 2 km entre Suse et Bussoleno, jusqu'à Avigliana. Cette portion de ligne serait modernisée et équipée de murs anti-bruit, pour un montant de 200 millions d'euros. Il subsisterait ensuite un tracé neuf, majoritairement en tunnel, sur 13 km jusqu'à Orbassano, estimé à 1,5 milliard d'euros. Puis une voie ferrée existante entre Orbassano et Turin serait, elle aussi, réaménagée pour rejoindre Turin, pour 200 millions d'euros également. Total 1,9 milliard d'euros au lieu des 6 milliards d'euros qui étaient nécessaires pour un tracé neuf complet incluant un contournement de Turin (la Gronda).

Cette annonce traduit exactement les mêmes évolutions qu'en France. La grande vitesse, qui nécessite une voie nouvelle pour rouler à 300 km/h, n'est plus l'objectif essentiel. La ligne existante est utilisée au maximum pour acheminer le fret, avec des trains plus massifs, jusqu'à l'entrée du tunnel de base.

J'ai appris peu après, que le premier tronçon, en partant de Turin, avait été mis en chantier. Il s'agit d'une voie desservant le terminal d'Orbassano, et qui n'était utilisée que par les trains de marchandises. Les travaux consistent à renouveler la voie et à créer une nouvelle gare de façon à utiliser cette ligne pour les voyageurs péri-urbains, pour leurs déplacements quotidiens, dès maintenant, en plus du fret qui augmentera dans le futur. De l'autre côté des Alpes, c'est bien à ce niveau des transports du quotidien que se situe le courant politique qui permet aujourd'hui de lancer des travaux.

Pour ce qui est du tracé neuf entre Avigliana et Orbassano, qui était encore qualifié de nécessaire avant 2030 pour desservir directement Orbassano, j'ai vu dans la presse italienne qu'une nouvelle option avait été proposée en mars 2019, consistant à privilégier un rabattement du trafic fret vers Milan plutôt que vers Turin, abandonnant la desserte d'Orbassano au profit du carrefour ferroviaire de Novare, situé entre Turin et Milan. L'apparition de cette variante, dont les études ne ferait que commencer, me fait surtout penser que la décision de construire une voie nouvelle en plaine, pour le fret, en renfort du réseau existant, n'a pas non plus trouvé sa conjoncture astrale du côté italien.

CHOISIR DES GRANDS PROJETS
UTILES ET ACCEPTÉS

Un de mes directeurs, Patrice Raulin, avait énoncé vers 2001, en plaisantant, une nouvelle loi dont l'article 1 était : « Toute nouvelle infrastructure sera enterrée », et l'article 2 disait que, par dérogation, et par décret en Conseil d'État, certaines infrastructures pourraient exceptionnellement passer à l'air libre.

Le tunnel de base du Lyon-Turin se trouvait être le seul de nos grands projets à respecter ce principe absolu. Pour tous les autres projets, les autoroutes, les accès français du Lyon-Turin ou le contournement ferroviaire de l'agglomération lyonnaise, nous étions poussés par les élus, ou par les associations locales, à réduire les emprises au sol. Nous proposions des sections en tunnel ou en tranchée couverte de faible profondeur, pour restituer à l'agriculture les surfaces recouvrant ces tranchées. Cet exercice a une limite financière, parce que le coût au kilomètre d'une tranchée couverte ou d'un tunnel est cinq ou dix fois plus élevé que celui d'un tracé à l'air libre, sans compter les problèmes de sécurité que posent les longs tunnels. Les compromis auxquels nous sommes parvenus ne sont jamais totalement satisfaisants, ils ne sont que les moins mauvaises solutions que nous ayons trouvées, en gardant une estimation à peu près acceptable. Nous avions peur qu'au final, des coûts trop élevés ne rendent les projets infaisables.

La règle énoncée par Patrice Raulin m'est revenue à l'esprit à l'occasion du récent débat sur le nœud ferroviaire lyonnais, en 2019. Le maître d'ouvrage, SNCF-Réseau, a mis en lumière la nécessité de développer les services des TER, en améliorant leur cadencement. Il prévoit également une forte hausse des circulations TGV et fret. Le projet consiste à augmenter la capacité de la voie ferrée desservant la gare de Lyon Part-Dieu en rajoutant deux voies aux quatre voies existantes. Deux solutions sont comparées, à l'air libre ou en souterrain. La première semble techniquement meilleure et moins chère, mais elle ne trouve aucun soutien politique.

Lorsque nous avons mis à l'étude ces différentes solutions, le ministère a nommé, en 2009, une coordinatrice, Marie-Line Meaux, pour assurer le lien avec les instances politiques. Elle aussi m'a beaucoup appris dans mon travail, par sa capacité d'écoute et son ouverture, comme Claude Martinand, qui était son mari : tous deux avaient un sens profond de l'intérêt général et ont beaucoup apporté, dans des fonctions variées au sein de mon ministère. Il se trouve que Marie-Line Meaux avait également travaillé sur le Lyon-Turin de 2003 à 2008, comme secrétaire générale de la délégation française de la commission inter-gouvernementale.

Sentant bien la complexité du fonctionnement d'un grand carrefour ferroviaire comme celui de Lyon, nous avions eu l'idée d'organiser des visites dans des lieux comparables en Europe. Nous sommes allés, avec des représentants des collectivités locales, à Bruxelles, à Cologne et à Bâle. J'en suis revenu avec une multitudes de solutions nouvelles. À Bruxelles, la voie qui traverse les gares principales accepte plus de trains que sa capacité théorique, grâce à une programmation fluctuante, qui s'adapte en permanence à la réalité. Le rail semblerait avoir perdu sa rigidité ! À Cologne, deux voies existantes sur quatre ont été spécialisées pour les trains du quotidien, qui se suivent toutes les deux minutes, alors que les voies banalisées nécessitent un écart plus important de trois ou quatre minutes en raison de l'hétérogénéité des trains qui y circulent. À Bâle, un projet en souterrain, le Herzstück, propose un bouclage du réseau ferré urbain, facilitant une desserte circulaire des gares, en évitant des manœuvres de mise en place ou de retournement des trains, qui consomment beaucoup de capacité.

Nos spécialistes ferroviaires les ont examinées et ne les ont pas retenues. Sans doute ne sont-elles pas transposables telles quelles à Lyon, mais peut-être aussi manquons-nous d'imagination et d'outils d'analyse adaptés aux besoins d'aujourd'hui. Quand je vois les prouesses dont nous sommes capables pour robotiser des projets d'entrepôts comme ceux d'Amazon, ou de parkings, comme celui que projette l'aéroport de Lyon Saint-Exupéry, je me dis qu'il doit exister des solutions pour faire circuler beaucoup plus de trains qu'aujourd'hui dans un nœud ferroviaire complexe, où les trains roulent à vitesse réduite et pourraient se suivre de beaucoup plus près. Le rapport annexe de la loi d'orientation des mobilités mentionne cette nécessité d'engager au plus vite des ruptures technologiques pour gagner de la capacité dans les zones les plus fréquentées, sans engager des travaux très coûteux. C'est aussi ce qu'a souligné SNCF-Réseau en conclusion du débat public de 2019 à Lyon, sans avoir réussi à trancher entre les deux options de création des voies nouvelles, en surface ou à l'air libre.

Quand je suis parti à la retraite, en février 2017, mon poste de délégué aux grandes infrastructures de transport a définitivement disparu de l'organigramme de la DREAL, la direction régionale de l'environnement, de l'aménagement et du logement, à Lyon. Il avait été maintenu, en sursis, lorsque les régions Auvergne et Rhône-Alpes ont fusionné, en janvier 2016, mais mon bureau avait été intégré au service « mobilités, aménagement, paysages » alors que j'étais auparavant rattaché à la direction. Depuis quelques années déjà, les grands projets perdaient de leur attrait, beaucoup d'entre eux étaient remis en cause. À chaque changement de préfet, j'observais un fort investissement personnel du nouvel arrivant sur leur connaissance et leur pilotage, parce que tous les élus allaient lui en parler. Mais je sentais bien que la perspective de rencontrer des difficultés et de subir des polémiques devenait plus probable que celle d'avoir un jour le plaisir de couper le ruban de l'inauguration. Le terme même de « grand projet » est maintenant souvent associé, dans les esprits, aux adjectifs « inutile et imposé » que lui ont accolé les associations d'opposants dans les ZAD, les zones à défendre, dont le sigle a remplacé celui des zones d'aménagement différé.

Le XIXème siècle a été celui de la construction du réseau ferré, le XXème siècle celui du déploiement du réseau autoroutier. Depuis deux siècles, la population française a doublé, la demande de déplacements a explosé. Les grands réseaux terrestres de transports ont été conçus en partant de cette demande. Mais la surface au sol n'est pas extensible et la préservation du territoire est devenue un enjeu primordial. Nous n'acceptons plus de voir des hectares de nature ou de surfaces cultivées disparaître au profit du béton ou du bitume. La porte d'entrée de notre travail est maintenant la protection du territoire et non l'économie des transports. L'organigramme du service chargé des transports à la DREAL est maintenant structuré par pôle opérationnel territorial, chaque pôle étant chargé des mobilités, de l'aménagement et des paysages, avec ses projets, petits ou grands, et c'est très bien ainsi.

J'ai vraiment apprécié de travailler à Lyon dans un service régional, qui permet, mieux qu'à Paris, de suivre les sujets de façon transversale et multidisciplinaire. Suffisamment proche des territoires traversés, des élus, des associations, pour sentir les enjeux et les aspirations des habitants. Mon bureau était voisin de ceux de mes collègues chargés de la prévention des risques, des parcs naturels, de l'habitat ou de la planification sur les territoires concernés par mes projets. Cela me paraît être un atout pour nous mettre réellement au service du public, et c'est bien pour rendre ce service que j'ai choisi de travailler dans l'administration.

Dans beaucoup d'autres pays européens, l'administration n'assure pas l'ingénierie des projets d'équipement, et laisse cette tâche au secteur privé. C'est de plus en plus le cas en France, malgré le poids des grands corps techniques de l'État auxquels j'appartiens. Mais nous avons, pour la plupart, conservé l'idée que l'État doit continuer à maîtriser l'avancement des études et des procédures, selon une planification rationnelle dont nous fixons les règles. Je crois que nous devons humblement reconnaître que nous ne pouvons pas y parvenir sans remettre en question en permanence nos principes et nos théories, en les confrontant aux aspirations et aux craintes de nos concitoyens, qui ne cessent d'évoluer.

Je reconnais que nous avons fait une partie du chemin en développant la notion de débat public, mais il nous reste beaucoup à faire. Nous acceptons à peu près de débattre des solutions, en organisant de grandes réunions sur les caractéristiques de nos projets. Mais nous ne cherchons pas vraiment à confronter nos perceptions des problèmes, et encore moins à discuter de nos théories socio-économiques.

Au niveau public, comme au niveau industriel ou commercial, je constate que nos concepts économiques posent aujourd'hui de sérieux problèmes. Beaucoup de frustrations proviennent de l'importance que nous donnons aux indicateurs économiques, au premier rang desquels figure la croissance du PIB. Il ne s'agit pas selon moi de rejeter la croissance, mais de cesser de la mettre au centre de nos objectifs, ce qui conduit à soutenir un système que nous ne comprenons plus. Je pense que le décalage que j'ai constaté sur le Lyon-Turin est également vrai dans beaucoup d'autres domaines : nos théories économiques parlent d'une économie du développement, alors que nous entrons dans une ère de la transition, de la transformation de notre économie vers une richesse mieux répartie et plus respectueuse de la planète. Nous aurons d'autant plus besoin d'économistes chevronnés, maîtrisant parfaitement cette discipline, qu'ils sauront rester à l'écoute des aspirations des hommes, et qu'ils seront capables de remettre en question les théories du siècle dernier.

Déjà, le nom de mon ministère de rattachement traduit bien l'évolution de la société. J'ai commencé en 1976 au ministère de l'équipement. En 2007, il est devenu ministère de l'écologie et du développement durable. Puis le mot « développement », même qualifié de durable, a disparu, remplacé en 2017 par la « transition écologique et solidaire ». Quel beau programme ! Mais il est plus facile de changer le titre d'un ministre que nos façons de travailler.

L'image de la poubelle de Kingdon m'a aidé à comprendre qu'un projet n'a d'avenir que s'il entre en alignement avec un problème bien identifié par la population, c'est la condition pour qu'il soit reconnu utile. Il doit aussi correspondre à une volonté politique partagée de façon aussi démocratique que possible, c'est la condition pour qu'il soit reconnu acceptable, à défaut d'être accepté par tous. La liste des grands projets en attente de réalisation est toujours longue, certains attendent même depuis très longtemps que ces deux conditions apparaissent suffisamment remplies, pour avoir une chance de se réaliser. Beaucoup ont déjà été officiellement abandonnés, comme le canal Rhin-Rhône ou l'aéroport de Notre-Dame-des-Landes.

Quand je lis les rapports du conseil d'orientation des infrastructures, présidé par M. Philippe Duron, je reconnais la grande justesse de leur analyse. Ce conseil, composé principalement d'élus, rassemble des compétences très larges. Il a interrogé de multiples acteurs pour proposer une programmation des infrastructures qui leur apparaît répondre au mieux aux besoins, en tenant compte des contraintes budgétaires. Ils ne cachent pas la difficulté de l'exercice. J'ai particulièrement

apprécié l'analyse qu'ils ont faite en janvier 2018 sur les nombreux projets que j'ai suivis à Lyon :
« Les enjeux, tant ferroviaires que routiers, des difficultés de congestion de l'aire urbaine de la métropole du Grand Lyon, sous tendus par des problématiques qui concernent l'ensemble de la région Auvergne-Rhône-Alpes, peinent à trouver depuis de nombreuses années des solutions acceptées par tous. Au delà des réponses immédiates d'amélioration du nœud ferroviaire déjà lancées et qu'il faut compléter, plusieurs très grands projets ont été considérés individuellement pour leurs fonctionnalités propres (A45, gare de Lyon Part Dieu - nœud ferroviaire lyonnais 2ème phase - contournement Est ferroviaire, compléments sur Saint-Fons - Grenay, contournement autoroutier). Un débat public d'orientation multimodale à une échelle de territoire adaptée est désormais indispensable pour assurer la finalisation d'une stratégie partagée par tous les acteurs. »

En attendant ce débat, ils proposent de découper tous ces grands projets en phases successives, et programment une partie des crédits nécessaires à chacun, en pariant que des études supplémentaires ou des négociations permettront de trouver la bonne façon de commencer les travaux.

Pour aller plus loin, ils appellent à améliorer nos outils de planification :
« Sans préjuger de la forme institutionnelle que devra prendre la poursuite de ces démarches, le conseil insiste sur les enjeux méthodologiques d'une démarche de planification qui ne fait, avec les travaux de la commission Mobilité 21 et ses travaux actuels, que commencer. Il propose, à l'instar de ce qui est pratiqué dans d'autres pays européens, d'instaurer des

revoyures quinquennales précédées d'un travail de préparation qui enrichira et améliorera les éléments d'aide à la décision. »

Ces lignes traduisent leur insatisfaction par rapport à nos études. Nous devons revoir en profondeur nos critères d'appréciation des projets, qui ne correspondent plus aux aspirations actuelles. L'analyse socio-économique, qui classe les projets en fonction du gain de temps et de l'accroissement de trafic qui en résulte, répondait aux enjeux d'une époque où nous devions étendre nos réseaux et développer les échanges. Cette époque est révolue. Nous avons besoin de définir d'autres critères. L'histoire du Lyon-Turin en a mis deux en lumière, qui sont la répartition des marchandises entre le fer et la route, et celle des voyageurs entre la voiture individuelle et les transports collectifs. Pourrait-on leur donner une place centrale dans les calculs, au lieu de les considérer comme des effets externes, plus ou moins secondaires ?

L'objectif de ce travail est d'améliorer les éléments d'aide à la décision, pour reprendre les termes du conseil présidé par M. Duron. Mais en disant cela, je dois ajouter que la planification proposée par leur rapport, dont nous avons sans doute encore besoin, me semble de moins en moins décisive. Elle donne globalement de la visibilité sur les trajectoires possibles de l'utilisation des ressources publiques, selon plusieurs scénarios, et cela permet d'orienter la politique des transports dans son ensemble. Mais, projet par projet, elle ne change pas grand-chose à mon avis.

Kingdon a raison, lorsqu'il dit que la décision se concrétise projet par projet, lorsqu'un courant politique s'appuie sur une solution pour répondre à un problème particulier. La planification tient compte de la situation du projet à un instant donné, mais peut difficilement prévoir son évolution future. C'est d'ailleurs pour cela, à mon avis, que l'exercice de planification doit être revu tous les cinq ans, afin d'intégrer les évolutions intervenue entre temps. Le calendrier de la décision projet par projet est distinct de celui de la planification.

Mais pour mieux comprendre la conjoncture astrale des projets, lorsqu'elle se produit, nous aurions besoin d'études plus adaptées aux problèmes actuels. Elles nous permettraient, le moment venu, de voir émerger plus nettement les solutions retenues et de mieux les accepter, parce que nous pourrions les évaluer sur les bons critères, par rapport aux bons objectifs.

Le conseil d'orientation des infrastructures en appelle à un « débat public d'orientation multimodale » pour que des décisions sortent. Ce qui manque, effectivement, ce n'est pas tant de débattre sur les projets, le débat sur la plupart d'entre eux n'a jamais cessé depuis une vingtaine d'années et cela n'a pas permis la convergence nécessaire à une décision. Le débat doit maintenant aborder les problèmes à résoudre, aujourd'hui, qui sont assez différents de ceux qui ont conduit à imaginer la plupart de ces grands projets, il y a plus de vingt ans. Le conseil d'orientation rappelle les problèmes actuels, avec comme priorité la transition écologique et le bon fonctionnement des transports du quotidien, particulièrement en milieu urbain. Le conseil a esquissé une analyse multi-critères, mais il bute sur l'absence quasi-totale dans les études, d'indications sur l'effet que les différents projets pourraient avoir sur ces problèmes précis.

Tant que nos grands projets, tels que les contournements autoroutiers ou ferroviaires de Lyon, l'A45 entre Saint-Étienne et Lyon ou la ligne ferroviaire entre Lyon et Chambéry, sont analysés avec les méthodes actuelles, il est difficile de mesurer ce qu'ils vont changer pour le fonctionnement d'ensemble des déplacements à l'intérieur de l'agglomération, voire de la région. En partant de ces questions centrales, bien mises en lumière et hiérarchisées par la mission Duron, il nous reste à développer de nouveaux outils d'analyse, qui permettront de comparer et de partager ce qu'apporteraient nos différents projets, comme les solutions alternatives qui sont apparues au cours des débats, pour faire évoluer la situation.

Parviendrons-nous à débattre tous ensemble de nos méthodes d'analyse et de ces nouveaux outils ? Ceci nous permettrait de mieux nous comprendre lorsque nos responsables politiques mettront en chantier un nouveau grand projet, à l'occasion du prochain alignement de planètes.

Mes successeurs ne manqueront pas de travail.

Créer des passerelles, lancer des ponts, ou percer des tunnels pour permettre à chaque personne d'échanger, de se rencontrer, de se comprendre. Au sens figuré peut-être encore plus qu'au sens propre, voilà un métier magnifique !

INDEX DES ILLUSTRATIONS

En couverture : le Grand Roc Noir vu du col du Mont-Cenis
en médaillon : une visite du chantier de creusement de la galerie
de reconnaissance de Saint-Martin-la-Porte en 2006

Photos et illustrations : Christian Maisonnier

N° d'édition : 1